崧燁文化

曹永忠、許智誠、蔡英德
鄭昊緣、張程 著

ESP32程式設計
(物聯網基礎篇)

ESP32 IOT Programming

(An Introduction to Internet of Thing)

自序

　　ESP 32 開發板系列的書是我出版至今八年多，出書量也破一百三十多本大關，專為 ESP 32 開發板的第三本教學書籍，當初出版電子書是希望能夠在教育界開一門 Maker 自造者相關的課程，沒想到一寫就已過八年多，繁簡體加起來的出版數也已也破一百三十多本的量，這些書都是我學習當一個 Maker 累積下來的成果。

　　這本書可以說是我的另一個里程碑，之前都是以專案為主，將別人設計的產品進行逆向工程展開之後，將該產品重新實作，但是筆者發現，很多學子的程度對一個產品專案開發，仍是心有餘、力不足，所以筆者鑑於如此，回頭再寫基礎感測器系列與程式設計系列，希望透過這些基礎能力的書籍，來培養學子基礎程式開發的能力，等基礎扎穩之後，面對更難的產品開發或物聯網系統開發，有能游刃有餘。

　　目前許多學子在學習程式設計之時，恐怕最不能了解的問題是，我為何要寫九九乘法表、為何要寫遞迴程式，為何要寫成函式型式…等等疑問，只因為在學校的學子，學習程式是為了可以了解『撰寫程式』的邏輯，並訓練且建立如何運用程式邏輯的能力，解譯現實中面對的問題。然而現實中的問題往往太過於複雜，授課的老師無法有多餘的時間與資源去解釋現實中複雜問題，期望能將現實中複雜問題淬鍊成邏輯上的思路，加以訓練學生其解題思路，但是眾多學子宥於現實問題的困惑，無法單純用純粹的解題思路來進行學習與訓練，反而以現實中的複雜來反駁老師教學太過學理，沒有實務上的應用為由，拒絕深入學習，這樣的情形，反而自己造成了學習上的障礙。

　　本系列的書籍，針對目前學習上的盲點，希望讀者從感測器元件認識、、使用、應用到產品開發，一步一步漸進學習，並透過程式技巧的模仿學習，來降低系統龐大產生大量程式與複雜程式所需要了解的時間與成本，透過固定需求對應的程式攥寫技巧模仿學習，可以更快學習單晶片開發與 C 語言程式設計，進而有能力開發出原有產品，進而改進、加強、創新其原有產品固有思維與架構。如此一來，因為學子們進行『重新開發產品』過程之中，可以很有把握的了解自己正在進行什麼，對於學習過程之中，透過實務需求導引著開發過程，可以讓學子們讓實務產出與邏輯化思考產生關連，如此可以一掃過去陰霾，更踏實的進行學習。

這四年多以來的經驗分享，逐漸在這群學子身上看到發芽，開始成長，覺得 Maker 的教育方式，極有可能在未來成為教育的主流，相信我每日、每月、每年不斷的努力之下，未來 Maker 的教育、推廣、普及、成熟將指日可待。

最後，請大家可以加入 Maker 的 Open Knowledge 的行列。

曹永忠 於貓咪樂園

自序

　　隨著資通技術(ICT)的進步與普及，取得資料不僅方便快速，傳播資訊的管道也多樣化與便利。然而，在網路搜尋到的資料卻越來越巨量，如何將在眾多的資料之中篩選出正確的資訊，進而萃取出您要的知識？如何獲得同時具廣度與深度的知識？如何一次就獲得最正確的知識？相信這些都是大家共同思考的問題。

　　為了解決這些困惱大家的問題，永忠、智誠兄與敝人計畫製作一系列「Maker系列」書籍來傳遞兼具廣度與深度的軟體開發知識，希望讀者能利用這些書籍迅速掌握正確知識。首先規劃「以一個 Maker 的觀點，找尋所有可用資源並整合相關技術，透過創意與逆向工程的技法進行設計與開發」的系列書籍，運用現有的產品或零件，透過駭入產品的逆向工程的手法，拆解後並重製其控制核心，並使用 Arduino 相關技術進行產品設計與開發等過程，讓電子、機械、電機、控制、軟體、工程進行跨領域的整合。

　　近年來 Arduino 異軍突起，在許多大學，甚至高中職、國中，甚至許多出社會的工程達人，都以 Arduino 為單晶片控制裝置，整合許多感測器、馬達、動力機構、手機、平板...等，開發出許多具創意的互動產品與數位藝術。由於 Arduino 的簡單、易用、價格合理、資源眾多，許多大專院校及社團都推出相關課程與研習機會來學習與推廣。

　　以往介紹 ICT 技術的書籍大部份以理論開始、為了深化開發與專業技術，往往忘記這些產品產品開發背後所需要的背景、動機、需求、環境因素等，讓讀者在學習之間，不容易了解當初開發這些產品的原始創意與想法，基於這樣的原因，一般人學起來特別感到吃力與迷惘。

　　本書為了讀者能夠深入了解產品開發的背景，本系列整合 Maker 自造者的觀念與創意發想，深入產品技術核心，進而開發產品，只要讀者跟著本書一步一步研習與實作，在完成之際，回頭思考，就很容易了解開發產品的整體思維。透過這樣的思路，讀者就可以輕易地轉移學習經驗至其他相關的產品實作上。

　　所以本書是能夠自修的書，讀完後不僅能依據書本的實作說明準備材料來製作，盡情享受 DIY(Do It Yourself)的樂趣，還能了解其原理並推展至其他應用。有興趣的讀者可再利用書後的參考文獻繼續研讀相關資料。

　　本書的發行有新的創舉，就是以電子書型式發行，在國家圖書館(http://www.ncl.edu.tw/)、國立公共資訊圖書館 National Library of Public Information(http://www.nlpi.edu.tw/)、台灣雲端圖庫(http://www.ebookservice.tw/)等都可以免費借閱與閱讀，如要購買的讀者也可以到許多電子書網路商城、Google Books 與 Google Play 都可以購買之後下載與閱讀。希望讀者能珍惜機會閱讀及學習，繼續將知識與資訊傳播出去，讓有興趣的眾人都受益。希望這個拋磚引玉的舉動能讓更多人響應與跟進，一起共襄盛舉。

　　本書可能還有不盡完美之處，非常歡迎您的指教與建議。近期還將推出其他 Arduino 相關應用與實作的書籍，敬請期待。

　　最後，請您立刻行動翻書閱讀。

　　　　　　　　　　　　　　　　　　蔡英德 於台中沙鹿靜宜大學主顧樓

自序

記得自己在大學資訊工程系修習電子電路實驗的時候,自己對於設計與製作電路板是一點興趣也沒有,然後又沒有天分,所以那是苦不堪言的一堂課,還好當年有我同組的好同學,努力的照顧我,命令我做這做那,我不會的他就自己做,如此讓我解決了資訊工程學系課程中,我最不擅長的課。

當時資訊工程學系對於設計電子電路課程,大多數都是專攻軟體的學生去修習時,系上的用意應該是要大家軟硬兼修,尤其是在台灣這個大部分是硬體為主的產業環境,但是對於一個軟體設計,但是缺乏硬體專業訓練,或是對於眾多機械機構與機電整合原理不太有概念的人,在理解現代的許多機電整合設計時,學習上都會有很多的困擾與障礙,因為專精於軟體設計的人,不一定能很容易就懂機電控制設計與機電整合。懂得機電控制的人,也不一定知道軟體該如何運作,不同的機電控制或是軟體開發常常都會有不同的解決方法。

除非您很有各方面的天賦,或是在學校巧遇名師教導,否則通常不太容易能在機電控制與機電整合這方面自我學習,進而成為專業人員。

而自從有了 Arduino 這個平台後,上述的困擾就大部分迎刃而解了,因為 Arduino 這個平台讓你可以以不變應萬變,用一致性的平台,來做很多機電控制、機電整合學習,進而將軟體開發整合到機構設計之中,在這個機械、電子、電機、資訊、工程等整合領域,不失為一個很大的福音,尤其在創意掛帥的年代,能夠自己創新想法,從 Original Idea 到產品開發與整合能夠自己獨立完整設計出來,自己就能夠更容易完全了解與掌握核心技術與產業技術,整個開發過程必定可以提供思維上與實務上更多的收穫。

Arduino 平台引進台灣自今,雖然越來越多的書籍出版,但是從設計、開發、製作出一個完整產品並解析產品設計思維,這樣產品開發的書籍仍然鮮見,尤其是能夠從頭到尾,利用範例與理論解釋並重,完完整整的解說如何用 Arduino 設計出一個完整產品，介紹開發過程中，機電控制與軟體整合相關技術與範例，如此的書籍更是付之闕如。永忠、英德兄與敝人計畫撰寫 Maker 系列，就是基於這樣對市場需要的觀察，開發出這樣的書籍。

作者出版了許多的 Arduino 系列的書籍，深深覺的，基礎乃是最根本的實力，所以回到最基礎的地方，希望透過最基本的程式設計教學，來提供眾多的 Makers 在入門 Arduino 時，如何開始，如何攥寫自己的程式，進而介紹不同的週邊模組，主要的目的是希望學子可以學到如何使用這些週邊模組來設計程式，期望在未來產品開發時，可以更得心應手的使用這些週邊模組與感測器，更快將自己的想法實現，希望讀者可以了解與學習到作者寫書的初衷。

許智誠　　於中壢雙連坡中央大學　管理學院

自序

　　長期以來，與物聯網相關的產品系統，都需要對電子電機、數位邏輯、程式語言等各領域有多方面的瞭解，而這對於很多初學者來說，將其聯繫起來並做出一份不錯的專題，通常要花費數倍的時間。枯燥的程式語言以及硬體設計及排錯更是令很多人對此望而卻步。初學程式之時，沒有相關的硬體與之配合學習，很多人對程式的實用性產生了困惑，從而造成學習上的困難，遭遇學習瓶頸，更不要提再深入學習，踏入令人成就感十足的實作世界了。現在市面上很多關於物聯網系統的書籍及資料都是針對於有著不錯基礎讀者而設計，很少能找到針對于初學者而去設計的書籍，很多人想學卻苦於沒有適合自己的參考書籍，只能一步步去自己摸索，如此一來，便多花了不少精力與實踐，可謂是事倍功半。

　　針對於以上的實際問題，筆者在本書中主要以 ESP32S 開發板為例，從環境的搭建開始，利用 37 個基礎感測模組向大家一一展現物聯網實作的魅力。為了方便讀者閱讀，每一個模組介紹也附上對應模組的介紹與電路腳位介紹，節約大家學習的時間與成本，提高學習的效率。筆者衷心希望本書能夠在學習上幫到大家，讓大家少走一些冤枉路，早日體會到物聯網世界帶來的樂趣！

　　本書經多次斟酌校正，但難免有疏漏或不妥之處，歡迎大家來信批評指正，以便筆者在未來的作品中能夠做得更好！

張程

目 錄

物聯網系列

本書是『ESP 系列程式設計』的第三本書，主要教導新手與初階使用者之讀者熟悉使用 ESP32 開發板，進入物聯網的實際應用，本書一個特點就是使用一個最基礎的溫溼度感測器，進而製作一個網際網路的物聯網的基礎應用，進而做資料庫應用與視覺化…等等。

ESP 32 開發板最強大的不只是它的簡單易學的開發工具，最強大的是它網路功能與簡單易學的模組函式庫，幾乎 Maker 想到應用於物聯網開發的東西，只要透過眾多的周邊模組，都可以輕易的將想要完成的東西用堆積木的方式快速建立，而且 ESP 32 開發板市售價格比原廠 Arduino Yun 或 Arduino + Wifi Shield 更具優勢，最強大的是這些周邊模組對應的函式庫，瑞昱科技有專職的研發人員不斷的支持，讓 Maker 不需要具有深厚的電子、電機與電路能力，就可以輕易駕御這些模組。

筆者很早就開始使用 ESP 32 開發板，也算是先驅使用者，希望筆者可以推出更多的入門書籍給更多想要進入『ESP 32 開發板』、『物聯網』這個未來大趨勢，所有才有這個系列的產生。

CHAPTER

開發板介紹

　　ESP32 開發板是一系列低成本，低功耗的單晶片微控制器，相較上一代晶片 ESP8266，ESP32 開發板 有更多的記憶體空間供使用者使用，且有更多的 I/O 口可供開發，整合了 Wi-Fi 和雙模藍牙。 ESP32 系列採用 Tensilica Xtensa LX6 微處理器，包括雙核心和單核變體，內建天線開關，RF 變換器，功率放大器，低雜訊接收放大器，濾波器和電源管理模組。

　　樂鑫（Espressif）1於 2015 年 11 月宣佈 ESP32 系列物聯網晶片開始 Beta Test，預計 ESP32 晶片將在 2016 年實現量產。如下圖所示，ESP32 開發板整合了 801.11 b/g/n/i Wi-Fi 和低功耗藍牙 4.2（Buletooth / BLE 4.2） ，搭配雙核 32 位 Tensilica LX6 MCU，最高主頻可達 240MHz，計算能力高達 600DMIPS，可以直接傳送視頻資料，且具備低功耗等多種睡眠模式供不同的物聯網應用場景使用。

圖 1 ESP32 Devkit 開發板正反面一覽圖

---

1 https://www.espressif.com/zh-hans/products/hardware/esp-wroom-32/overview

ESP32 特色：

- 雙核心 Tensilica 32 位元 LX6 微處理器

- 高達 240 MHz 時脈頻率

- 520 kB 內部 SRAM

- 28 個 GPIO

- 硬體加速加密（AES、SHA2、ECC、RSA-4096）

- 整合式 802.11 b/g/n Wi-Fi 收發器

- 整合式雙模藍牙（傳統和 BLE）

- 支援 10 個電極電容式觸控

- 4 MB 快閃記憶體

資料來源：https://www.botsheet.com/cht/shop/esp-wroom-32/

ESP32 規格：

- 尺寸：55*28*12mm(如下圖所示)

- 重量：9.6g

- 型號：ESP-WROOM-32

- 連接：Micro-USB

- 芯片：ESP-32

- 無線網絡：802.11 b/g/n/e/i

- 工作模式：支援 STA / AP / STA+AP

- 工作電壓：2.2 V 至 3.6 V

- 藍牙：藍牙 v4.2 BR/EDR 和低功耗藍牙（BLE、BT4.0、Bluetooth Smart）

- USB 芯片：CP2102

- GPIO：28 個

- 存儲容量：4Mbytes

- 記憶體：520kBytes

資料來源：https://www.botsheet.com/cht/shop/esp-wroom-32/

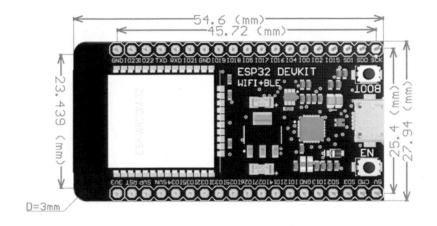

圖 2 ESP32 Devkit 開發板尺寸圖

ESP32 WROOM

　　ESP-WROOM-32 開發板具有 3.3V 穩壓器，可降低輸入電壓，為 ESP32 開發板供電。它還附帶一個 CP2102 晶片(如下圖所示)，允許 ESP32 開發板與電腦連接後，可以再程式編輯、編譯後，直接透過串列埠傳輸程式，進而燒錄到 ESP32 開發板，無須額外的下載器。

圖 3 ESP32 Devkit CP2102 Chip 圖

ESP32 的功能[2]包括以下內容：

- 處理器：
  - CPU: Xtensa 雙核心 (或者單核心) 32 位元 LX6 微處理器, 工作時脈 160/240 MHz, 運算能力高達 600 DMIPS
- 記憶體：
  - 448 KB ROM (64KB+384KB)
  - 520 KB SRAM
  - 16 KB RTC SRAM,SRAM 分為兩種
    - 第一部分 8 KB RTC SRAM 為慢速儲存器,可以在 Deep-sleep 模式下被次處理器存取
    - 第二部分 8 KB RTC SRAM 為快速儲存器,可以在 Deep-sleep 模式下 RTC 啟動時用於資料儲存以及 被主 CPU 存取。
  - 1 Kbit 的 eFuse，其中 256 bit 為系統專用（MAC 位址和晶片設定）；其餘 768 bit 保留給用戶應用，這些 應用包括 Flash 加密和晶片 ID。
  - QSPI 支援多個快閃記憶體/SRAM
  - 可使用 SPI 儲存器 對映到外部記憶體空間，部分儲存器可做為外部儲存器的 Cache
    - 最大支援 16 MB 外部 SPI Flash
    - 最大支援 8 MB 外部 SPI SRAM
- 無線傳輸：
  - Wi-Fi: 802.11 b/g/n

---

[2] https://www.espressif.com/zh-hans/products/hardware/esp32-devkitc/overview

- ◆ 藍芽: v4.2 BR/EDR/BLE
- 外部介面：
  - ◆ 34 個 GPIO
  - ◆ 12-bit SAR ADC ，多達 18 個通道
  - ◆ 2 個 8 位元 D/A 轉換器
  - ◆ 10 個觸控感應器
  - ◆ 4 個 SPI
  - ◆ 2 個 I2S
  - ◆ 2 個 I2C
  - ◆ 3 個 UART
  - ◆ 1 個 Host SD/eMMC/SDIO
  - ◆ 1 個 Slave SDIO/SPI
  - ◆ 帶有專用 DMA 的乙太網路介面,支援 IEEE 1588
  - ◆ CAN 2.0
  - ◆ 紅外線傳輸
  - ◆ 電機 PWM
  - ◆ LED PWM, 多達 16 個通道
  - ◆ 霍爾感應器
- 定址空間
  - ◆ 對稱定址對映
  - ◆ 資料匯流排與指令匯流排分別可定址到 4GB(32bit)
  - ◆ 1296 KB 晶片記憶體取定址
  - ◆ 19704 KB 外部存取定址
  - ◆ 512 KB 外部位址空間
  - ◆ 部分儲存器可以被資料匯流排存取也可以被指令匯流排存取
- 安全機制

- ◆ 安全啟動

- ◆ Flash ROM 加密

- ◆ 1024 bit OTP, 使用者可用高達 768 bit

- ◆ 硬體加密加速器

  - ● AES

  - ● Hash (SHA-2)

  - ● RSA

  - ● ECC

  - ● 亂數產生器 (RNG)

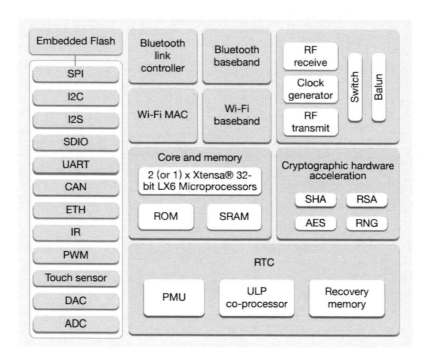

圖 4 ESP32　Function BlockDiagram

NodeMCU-32S Lua WiFi 物聯網開發板

NodeMCU-32S Lua WiFi 物聯網開發板是 WiFi+ 藍牙 4.2+ BLE /雙核 CPU 的開

發板(如下圖所示)，低成本的 WiFi+藍牙模組是一個開放源始碼的物聯網平台。

圖 5 NodeMCU-32S Lua WiFi 物聯網開發板

NodeMCU-32S Lua WiFi 物聯網開發板也支持使用 Lua 腳本語言編程，NodeMCU-32S Lua WiFi 物聯網開發板之開發平台基於 eLua 開源項目，例如 lua-cjson, spiffs.。NodeMCU-32S Lua WiFi 物聯網開發板是上海 Espressif 研發的 WiFi+藍牙芯片，旨在為嵌入式系統開發的產品提供網際網絡的功能。

NodeMCU-32S Lua WiFi 物聯網開發板模組核心處理器 ESP32 晶片提供了一套完整的 802.11 b/g/n/e/i 無線網路（WLAN）和藍牙 4.2 解決方案，具有最小物理尺寸。

NodeMCU-32S Lua WiFi 物聯網開發板專為低功耗和行動消費電子設備、可穿戴和物聯網設備而設計，NodeMCU-32S Lua WiFi 物聯網開發板整合了 WLAN 和藍牙的所有功能，NodeMCU-32S Lua WiFi 物聯網開發板同時提供了一個開放原始碼的平台，支持使用者自定義功能，用於不同的應用場景。

NodeMCU-32S Lua WiFi 物聯網開發板 完全符合 WiFi 802.11b/g/n/e/i 和藍牙 4.2 的標準，整合了 WiFi/藍牙/BLE 無線射頻和低功耗技術，並且支持開放性的 RealTime 作業系統 RTOS。

NodeMCU-32S Lua WiFi 物聯網開發板具有 3.3V 穩壓器，可降低輸入電壓，為 NodeMCU-32S Lua WiFi 物聯網開發板供電。它還附帶一個 CP2102 晶片(如下圖所示)，允許 ESP32 開發板與電腦連接後，可以再程式編輯、編譯後，直接透過串列埠傳輸程式，進而燒錄到 ESP32 開發板，無須額外的下載器。

圖 6 ESP32 Devkit CP2102 Chip 圖

NodeMCU-32S Lua WiFi 物聯網開發板的功能　包括以下內容：

● 商品特色：

◆ WiFi+藍牙 4.2+BLE

◆ 雙核 CPU

◆ 能夠像 Arduino 一樣操作硬件 IO

◆ 用 Nodejs 類似語法寫網絡應用

● 商品規格：

◆ 尺寸：49*25*14mm

◆ 重量：10g

◆ 品牌：Ai-Thinker

◆ 芯片：ESP-32

- Wifi：802.11 b/g/n/e/i

- Bluetooth：BR/EDR+BLE

- CPU：Xtensa 32-bit LX6 雙核芯

- RAM：520KBytes

- 電源輸入：2.3V~3.6V

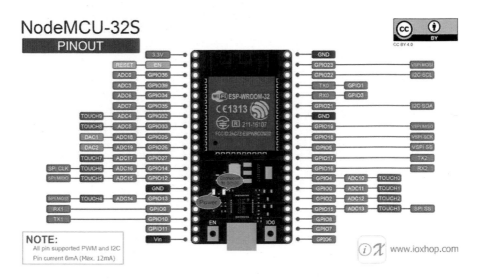

圖 7 ESP32S ESP32S 腳位圖

Arduino 開發 IDE 安裝

首先我們先進入到 Arduino 官方網站的下載頁面(Download the Arduino IDE)：http://arduino.cc/en/Main/Software：

圖 8 Arduino IDE 開發軟體下載區

Arduino 的開發環境，有 Windows、Mac OS X、Linux 版本。本範例以 Windows 版本作為範例，請頁面下方點選「Windows Installer」下載 Windows 版本的開發環境。

如下圖所示，我們下載最新版 ARDUINO 開發工具：

圖 9 下載最新版 ARDUINO 開發工具

目前筆者寫書階段下載版本檔名為「arduino-1.8.11-windows.exe」

圖 10 下載 ARDUINO 開發工具

下載完成後，請將下載檔案點擊兩下執行，出現如下畫面：

(a).直接點選下載圖示

(b).使用檔案總管點選下載檔案

圖 11 下點選下載檔案

如下圖所示，進入開始安裝畫面：

圖 12 開始安裝

如下圖所示，點選「I Agree」後出現如下選擇安裝元件畫面：

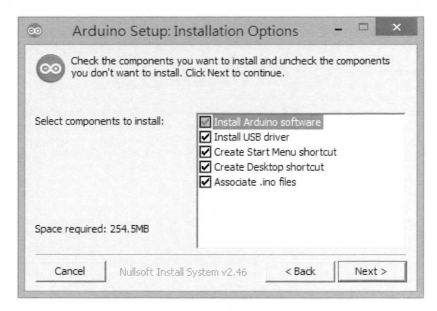

圖 13 選擇安裝元件

如下圖所示，點選「Next>」後出現如下選擇安裝目錄畫面：

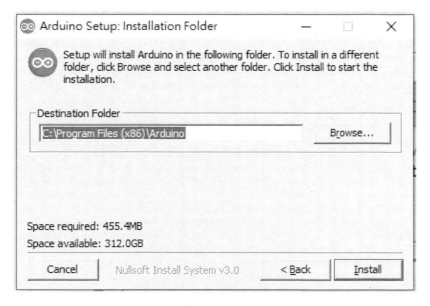

圖 14 選擇安裝目錄

如下圖所示，選擇檔案儲存位置後，點選「Install」進行安裝，出現如下畫面：

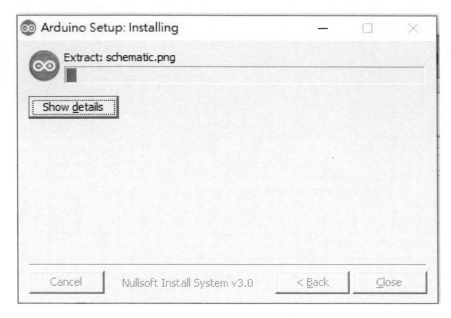

圖 15 安裝進行中

如下圖所示，安裝到一半時，會出現詢問是否要安裝 Arduino USB Driver(Arduino LLC)的畫面，請點選「安裝(I)」。

圖 16 詢問是否安裝 Arduino USB Driver

如下圖所示，安裝系統就會安裝 Arduino USB 驅動程式。

圖 17 安裝 Arduino USB 驅動程式

如下圖所示，安裝完成後，出現如下畫面，點選「Close」。

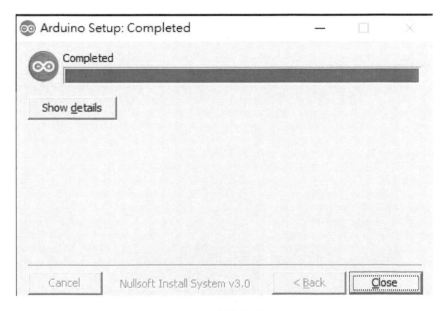

圖 18 安裝完成

如下圖所示，桌布上會出現 ![Arduino] 的圖示，您可以點選該圖示執行 Arduino
Sketch 程式。

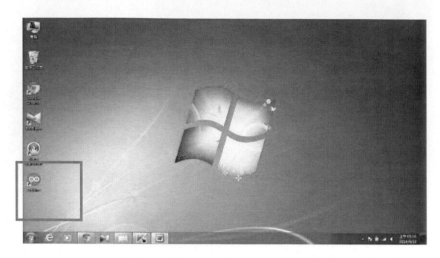

圖 19 點選 Arduino Sketch 程式圖示

如下圖所示，您會進入到 Arduino 的軟體開發環境的介面。

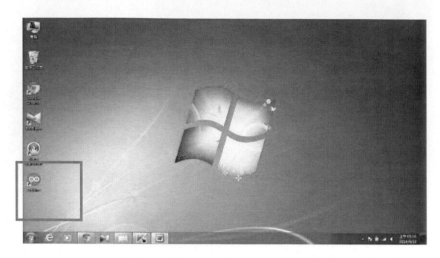

圖 20Arduino 的軟體開發環境的介面

以下介紹工具列下方各按鈕的功能：

⊘	Verify 按鈕	進行編譯，驗證程式是否正常運作。
●	Upload 按鈕	進行上傳，從電腦把程式上傳到 Arduino 板子裡。
▣	New 按鈕	新增檔案
▲	Open 按鈕	開啟檔案，可開啟內建的程式檔或其他檔案。
▼	Save 按鈕	儲存檔案

如下圖所示，您可以切換 Arduino Sketch 介面語言，我們先進入進

入 Preference 選項。

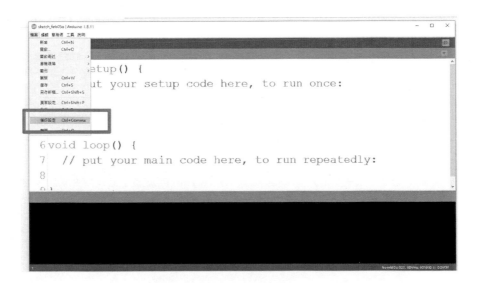

圖 21 進入 Preference 選項

如下圖所示，出現 Preference 選項畫面。

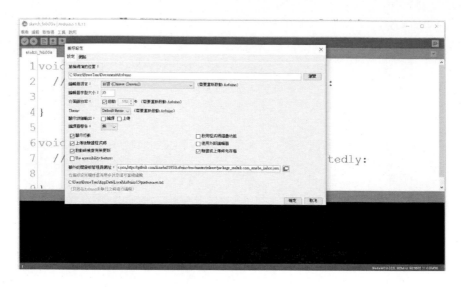

圖 22Preference 選項畫面

如下圖所示，可切換到您想要的介面語言(如繁體中文)。

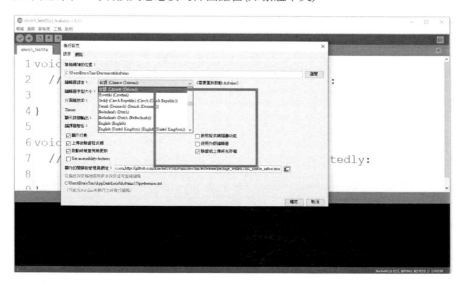

圖 23 切換到您想要的介面語言

如下圖所示，按下「OK」，確定切換繁體中文介面語言。

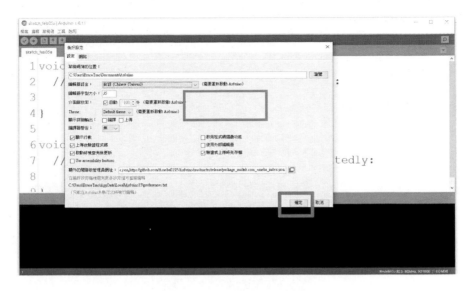

圖 24 確定切換繁體中文介面語言

如下圖所示，按下「結束按鈕」，結束 Arduino Sketch 程式，並重新開啟 Arduino Sketch 程式。

圖 25 點選結束按鈕

如下圖所示，可以發現 Arduino Sketch 程式介面語言已經變成繁體中文介面了。

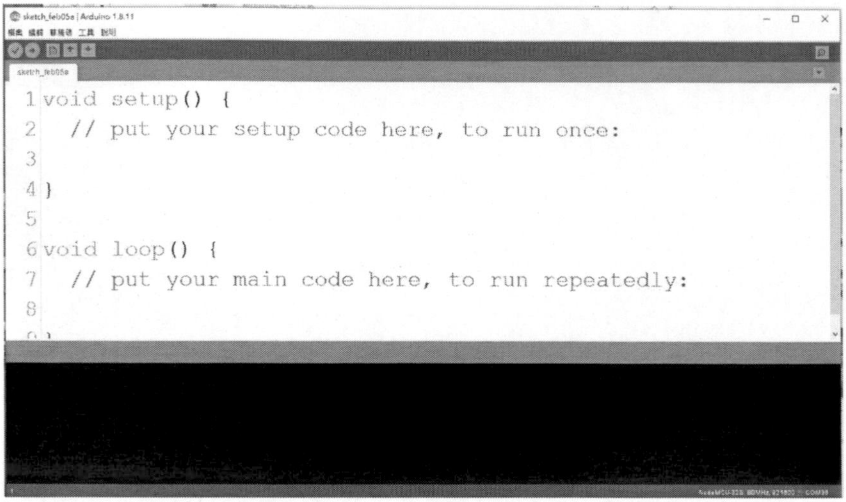

```
1 void setup() {
2   // put your setup code here, to run once:
3
4 }
5
6 void loop() {
7   // put your main code here, to run repeatedly:
8
```

圖 26 繁體中文介面 Arduino Sketch 程式

安裝 Arduino 開發板的 USB 驅動程式

以 Mega2560 作為範例

如下圖所示， 將 Mega2560 開發板透過 USB 連接線接上電腦。

圖 27 USB 連接線連上開發板與電腦

如下圖所示，到剛剛解壓縮完後開啟的資料夾中，點選「drivers」資料夾並進入。

圖 28 Arduino IDE 開發軟體下載區

　　如下圖所示，依照不同位元的作業系統，進行開發板的 USB 驅動程式的安裝。
32 位元的作業系統使用 dpinst-x86.exe， 64 位元的作業系統使用 dpinst-amd64.exe。

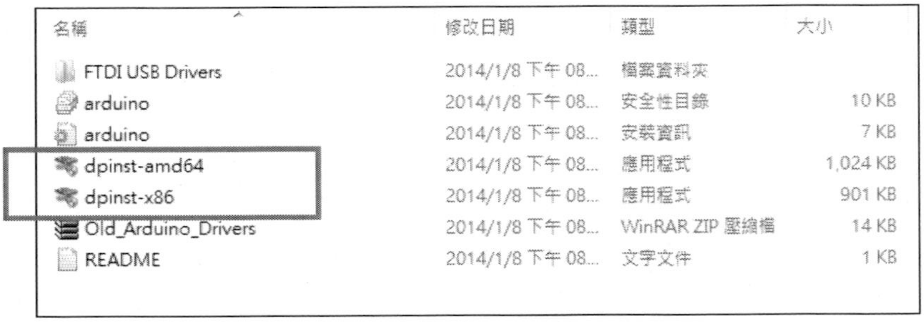

圖 29 Arduino IDE 開發軟體下載區

　　如下圖所示，以 64 位元的作業系統作為範例，點選 dpinst-amd64.exe，會出現
如下畫面：

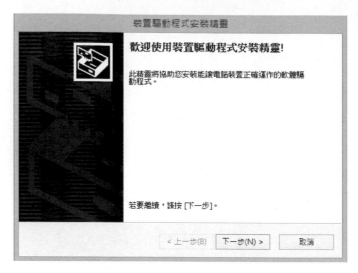

圖 30 Arduino IDE 開發軟體下載區

如下圖所示，點選「下一步」，程式會進行安裝。完成後出現如下畫面，並點選「完成」。

圖 31 Arduino IDE 開發軟體下載區

如下圖所示，您可至 Arduino 開發環境中工具列「工具」中的「序列埠」看到多出一個 COM，即完成開發板的 USB 驅動程式的設定。

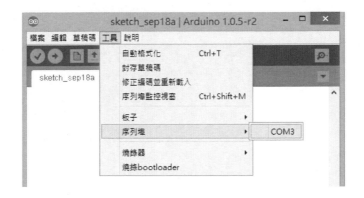

圖 32 Arduino IDE 開發軟體下載區

如下圖所示，可至電腦的裝置管理員中，看到連接埠中出現 Arduino Mega 2560 的 COM3，即完成開發板的 USB 驅動程式的設定。

圖 33 Arduino IDE 開發軟體下載區

如下圖所示，到工具列「工具」中的「板子」設定您所用的開發板。

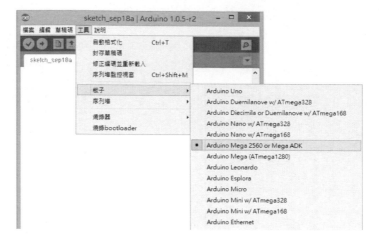

圖 34 Arduino IDE 開發軟體下載區

※您可連接多塊 Arduino 開發板至電腦，但工具列中「板子」中的 Board 需與「序列埠」對應。

如下圖所示，修改 IDE 開發環境個人喜好設定：(存檔路徑、語言、字型)

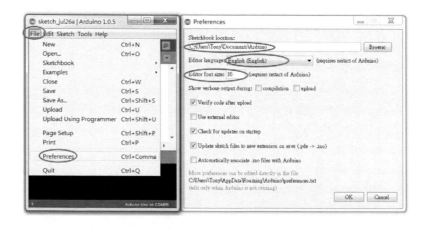

圖 35 IDE 開發環境個人喜好設定

安裝 ESP 開發板的 CP210X 晶片 USB 驅動程式

如下圖所示,將 ESP32 開發板透過 USB 連接線接上電腦。

圖 36 USB 連接線連上開發板與電腦

如下圖所示,請到 SILICON LABS 的網頁,網址:

https://www.silabs.com/products/development-tools/software/usb-to-uart-bridge-vcp-drivers

,去下載 CP210X 的驅動程式,下載以後將其解壓縮並且安裝,因為開發板上連接

USB Port 還有 ESP32 模組全靠這顆晶片當作傳輸媒介。

圖 37 SILICON LABS 的網頁

如下圖所示，讀者請依照您個人作業系統版本，下載對應 CP210X 的驅動程式，筆者是 Windows 10 64 位元作業系統，所以下載 Windows 10 的版本。

圖 38 下載合適驅動程式版本

如下圖所示，選擇下載檔案儲存目錄儲存下載對應 CP210X 的驅動程式。

圖 39 選擇下載檔案儲存目錄

如下圖所示，先點選下圖左邊紅框之下載之 CP210X 的驅動程式，解開壓縮檔後，再點選下圖右邊紅框之『CP210xVCPInstaller_x64.exe』，進行安裝 CP2102 的驅動程式(尤濬哲, 2019)。

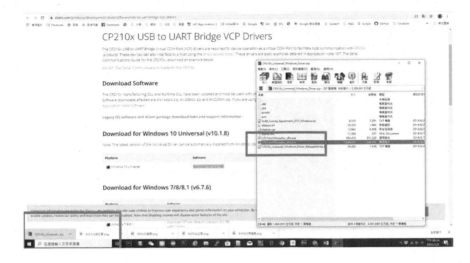

圖 40 安裝驅動程式

如下圖所示，開始安裝驅動程式。

圖 41 開始安裝驅動程式

如下圖所示，完成安裝驅動程式。

圖 42 完成安裝驅動程式

如下圖所示，請讀者打開控制台內的打開裝置管理員。

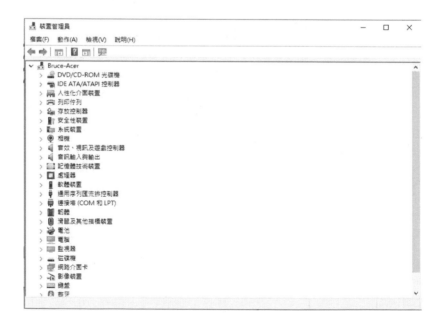

圖 43 打開裝置管理員

如下圖所示，打開連接埠選項。

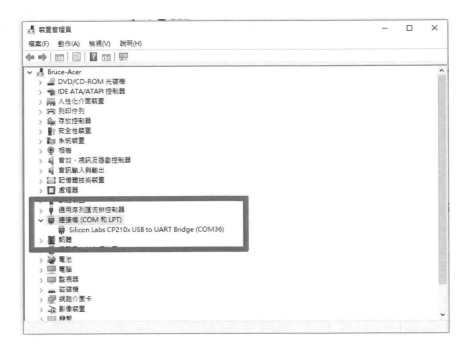

圖 44 打開連接埠選項

如下圖所示，我們可以看到已安裝驅動程式，筆者是 Silicon Labs CP210x USB to UART Bridge (Com36)，讀者請依照您個人裝置，其：Silicon Labs CP210x USB to UART Bridge (ComXX)，其 XX 會根據讀者個人裝置有所不同。

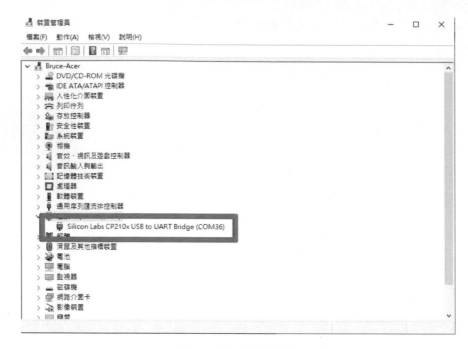

圖 45 已安裝驅動程式

如上圖所示，我們已完成安裝 ESP 開發板的 CP210X 晶片 USB 驅動程式。

WEMOS D1 WIFI 物聯網開發板

WeMos D1 WIFI 物聯網開發板是 WiFi+ Arduino UNO 相容的開發板，下圖所示，是一個低成本的 WiFi+開放源始碼的物聯網平台(曹永忠, 2020d)。

圖 46 WeMos D1 WIFI 物聯網開發板

WeMos D1 WIFI 物聯網開發板的功能　　包括以下內容：

- 微控制器：ESP-8266EX

- WIFI 頻率：2.4GHz

- IEEE 802.11 b / g / n

- WiFi 功率放大器(PA)：+25dBm

- 輸入介面：Micro USB

- 工作電壓：3.3V

- 時脈：80 / 160 MHz

- 數位 I/O PIN：11 支接腳

- 類比輸入 PIN：1 支接腳

- FLASH：4MB

- DC O2.1mm 插孔

- Arduino 兼容，使用 Arduino IDE 來編程,

- 支援 OTA 無線上傳

- 板載 5V 1A 開關電源 (最高輸入電壓 24V)

- 安裝後，直接用 Arduino IDE 開發，跟 Arduino UNO 一樣操作

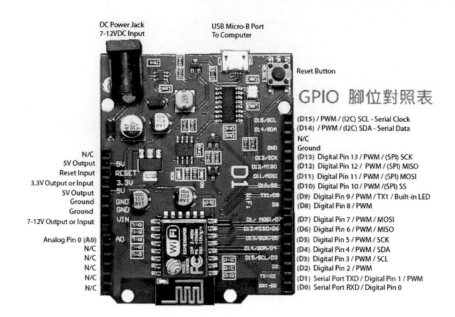

DC Power Jack
7-12VDC Input

USB Micro-B Port
To Computer

Reset Button

GPIO 腳位對照表

(D15) / PWM / (I2C) SCL - Serial Clock
(D14) / PWM / (I2C) SDA - Serial Data
N/C
Ground
(D13) Digital Pin 13 / PWM / (SPI) SCK
(D12) Digital Pin 12 / PWM / (SPI) MISO
(D11) Digital Pin 11 / PWM / (SPI) MOSI
(D10) Digital Pin 10 / PWM /(SPI) SS
(D9) Digital Pin 9 / PWM / TX1 / Built-in LED
(D8) Digital Pin 8 / PWM

(D7) Digital Pin 7 / PWM / MOSI
(D6) Digital Pin 6 / PWM / MISO
(D5) Digital Pin 5 / PWM / SCK
(D4) Digital Pin 4 / PWM / SDA
(D3) Digital Pin 3 / PWM / SCL
(D2) Digital Pin 2 / PWM
(D1) Serial Port TXD / Digital Pin 1 / PWM
(D0) Serial Port RXD / Digital Pin 0

N/C
5V Output
Reset Input
3.3V Output or Input
5V Output
Ground
Ground
7-12V Output or Input

Analog Pin 0 (A0)
N/C
N/C
N/C
N/C
N/C

圖 47 WeMos D1 WIFI 物聯網開發板腳位圖

Arduino 函式庫安裝(安裝線上函式庫)

如下圖所示,請將 Arduino 開發 IDE 工具打開。

```
1 void setup() {
2   // put your setup code here, to run once:
3
4 }
5
6 void loop() {
7   // put your main code here, to run repeatedly:
8
9 }
```

圖 48 打開開發工具

如下圖所示，請到選擇管理程式庫，先選擇工具列的草稿碼(Sketch)，再選擇匯入程式碼，再選擇選擇管理程式庫。

圖 49 選擇管理程式庫

如下圖所示，我們可以看到程式管理員主畫面。

圖 50 程式管理員主畫面

如下圖所示，請在紅框區，輸入要查詢函式庫名稱。。

圖 51 輸入要查詢函式庫

如下圖所示，請在紅框區，輸入要查詢函式庫名稱：ADX，按下『enter』鍵，
如下圖所示，我們可以看到查詢到『ADX』相關的函式庫。

圖 52 輸入要查詢函式庫_ADX

如下圖所示，在紅框處，我們看到找到 Adafruit 公司開發的 ADXL345 函式庫。

圖 53 找到 ADXL345 函式庫

如下圖所示，我們點選紅框處之『安裝按鈕』，進行安裝 Adafruit 公司開發的
ADXL345 函式庫。

圖 54 點選安裝按鈕

如下圖所示，我們可以看到安裝函式庫：Adafruit 公司開發的 ADXL345 函式
庫進行中。

圖 55 安裝函式庫中

如下圖所示，如果您查詢到的函式庫：如本書範例：Adafruit 公司開發的 ADXL345 函式庫，其紅框處之『安裝』已經反白或無法點選，則代表我們已經成功安裝 Adafruit 公司開發的 ADXL345 函式庫。

圖 56 安裝函式庫完成

綜合如上述所有圖所示，筆者已經介紹如何安裝函式庫，相信讀者也可以觸類旁通，自行安裝所需的函式庫。

安裝 WeMos D1 WIFI 物聯網開發板的 Ch340 晶片 USB 驅動程式

如下圖所示，將 WeMos D1 WIFI 物聯網開發板透過 USB 連接線接上電腦。

圖 57 USB 連接線連上開發板與電腦

對於 Windows 使用者，若無法自動偵測 nodeMCU 驅動程式，需要自行下載安裝 COM 埠驅動程式。

WeMos D1 WIFI 物聯網開發板 使用 CH340G USB-to-UART 橋接晶片組。讀者可 以 到 ： USB-SERIAL CH340G 驅 動 程 式 下 載 ， 網 址 ： http://www.arduined.eu/files/CH341SER.zip

WeMos D1 WIFI 物聯網開發板 使用 CP2102 USB-to-UART 橋接晶片組。讀者可 以 到 ： USB-SERIAL CP2102 驅 動 程 式 下 載 ， 網 址 ： https://www.silabs.com/documents/public/software/CP210x_Windows_Drivers.zip

如下圖所示，我們選到我們剛才下載驅動程式的硬碟位置，本文為：I:\驅動程式\CH340，讀者會有所不同。

圖 58 CH340 驅動程式下載區

　　如下圖所示，點擊我們剛才下載驅動程式的硬碟位置，本文為：I:\驅動程式
\CH340.exe，讀者會有所不同，執行 CH340 驅動程式安裝。

圖 59 C 安裝已下載之 H340 驅動程式

如下圖所示，開始安裝驅動程式。

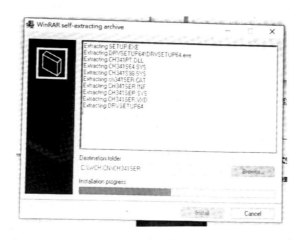

圖 60 開始安裝驅動程式

如下圖所示，由於 WINDOWS 權限控管，您必須同意安裝驅動程式。

圖 61 同意安裝驅動程式

如下圖所示,開始安裝驅動程式。

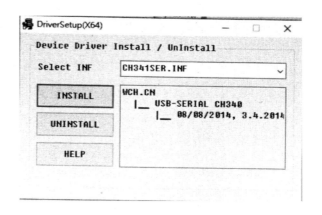

圖 62 完成安裝驅動程式

如下圖所示,請讀者打開控制台內的打開裝置管理員。

圖 63 打開裝置管理員

如下圖所示，打開連接埠選項。

圖 64 打開連接埠選項

如下圖所示，我們可以看到已安裝驅動程式，筆者是 Silicon Labs CP210x USB to

UART Bridge (Com36)，讀者請依照您個人裝置，其：Silicon Labs CP210x USB to UART Bridge (ComXX)，其 XX 會根據讀者個人裝置有所不同。

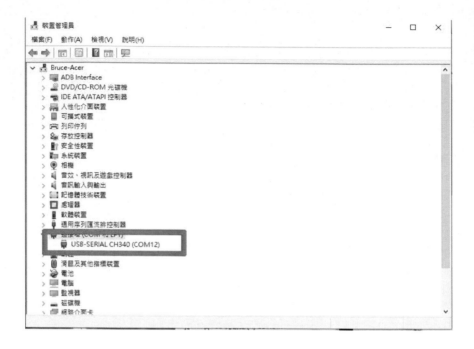

圖 65 已安裝驅動程式

如上圖所示，我們已完成安裝 WeMos D1 WIFI 物聯網開發板的 CH340 晶片 USB 驅動程式。

安裝 ESP32 Arduino 整合開發環境

首先我們先進入到 Arduino 官方網站的下載頁面：http://arduino.cc/en/Main/Software：

圖 66 Arduino IDE 開發軟體下載區

Arduino 的開發環境，有 Windows、Mac OS X、Linux 版本。本範例以 Windows 版本作為範例，請頁面下方點選「Windows Installer」下載 Windows 版本的開發環境。

如下圖所示，我們下載最新版 ARDUINO 開發工具：

圖 67 下載最新版 ARDUINO 開發工具

下載之後，請參閱本書之『Arduino 開發 IDE 安裝』，完成 Arduino 開發 IDE 之 Sketch 開發工具安裝，如下圖所示，已安裝好安裝好之 Arduino 開發 IDE。

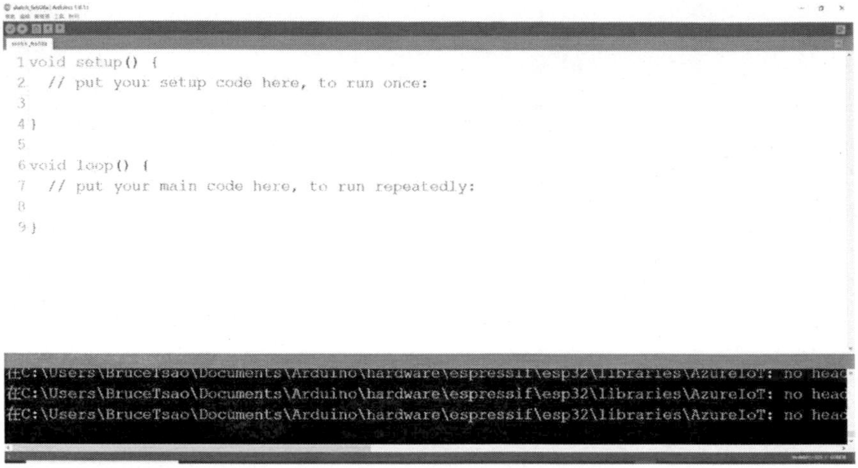

圖 68 安裝好之 Arduino 開發 IDE

如下圖所示，我們先點選下圖之上面第一個紅框，點選『檔案』，接下來再點選下圖之上面第二個紅框，點選『偏好設定』。

圖 69 開啟偏好設定

如下圖所示，我們可以看到偏好設定主畫面。

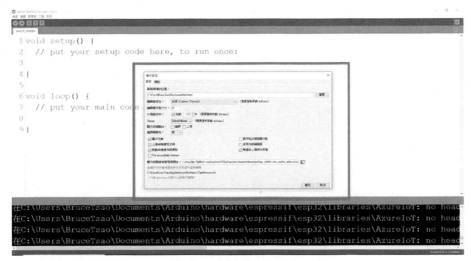

圖 70 偏好設定主畫面

如下圖所示，我們點選下圖紅框處，打開點選額外開發板管員理網址。

圖 71 點選額外開發板管員理網址

如下圖所示，出現空白框讓您輸入額外開發板管員理網址。

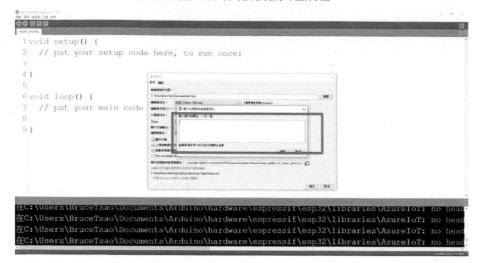

圖 72 出現空白框

如下圖所示，請輸入輸入 ESP32 擴充網址：

https://dl.espressif.com/dl/package_esp32_index.json，將之輸入再輸入框，如果讀者您

的輸入框已經已有其他資料，請將資料輸入再最上面一列(尤濬哲, 2019)。

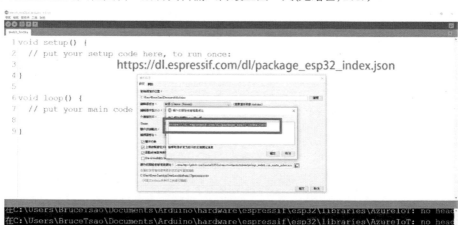

圖 73 輸入 ESP32 擴充網址

如下圖所示，點選下圖之紅框，完成 ESP32 擴充網址輸入。

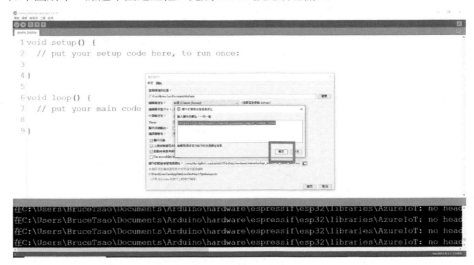

圖 74 完成 ESP32 擴充網址輸入

如下圖所示，我們發現 ESP32 擴充網址：

https://dl.espressif.com/dl/package_esp32_index.json，已在下圖左邊紅框處，請

再按下右邊紅框處，完成偏好設定。

圖 75 完成偏好設定

如下圖所示，我們已回到 Arduino 開發 IDE 之主畫面。

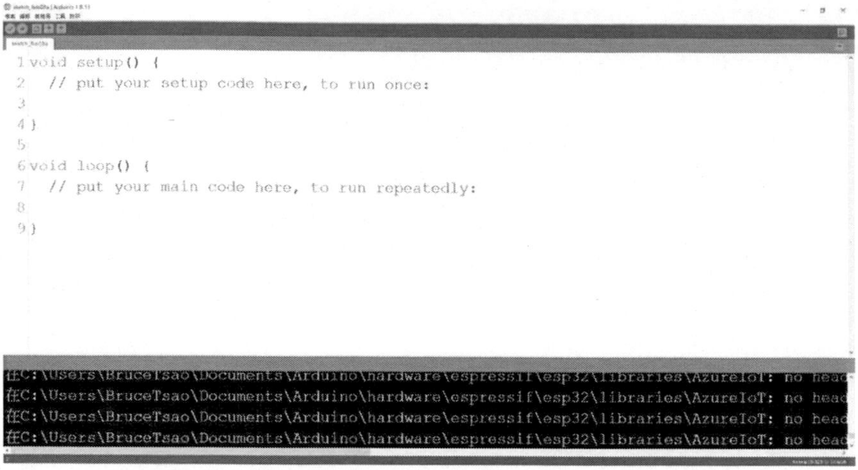

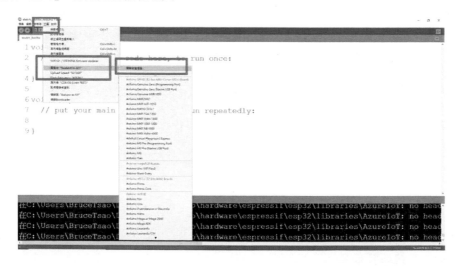

```
1 void setup() {
2     // put your setup code here, to run once:
3
4 }
5
6 void loop() {
7     // put your main code here, to run repeatedly:
8
9 }
```

在C:\Users\BruceTsao\Documents\Arduino\hardware\espressif\esp32\libraries\AzureIoT: no head
在C:\Users\BruceTsao\Documents\Arduino\hardware\espressif\esp32\libraries\AzureIoT: no head
在C:\Users\BruceTsao\Documents\Arduino\hardware\espressif\esp32\libraries\AzureIoT: no head
在C:\Users\BruceTsao\Documents\Arduino\hardware\espressif\esp32\libraries\AzureIoT: no head

圖 76 回到主畫面

如下圖所示，請先點選下圖由上往下第一個紅框處：『工具』，再點選下圖由上往下第二個紅框處：『開發板』，最後點選下圖由上往下第二列右邊的紅框處：『開發板管理員』，打開開發板管理員。

圖 77 點選開發板管理員

如下圖所示，我們可以看到開發板管理員主畫面。

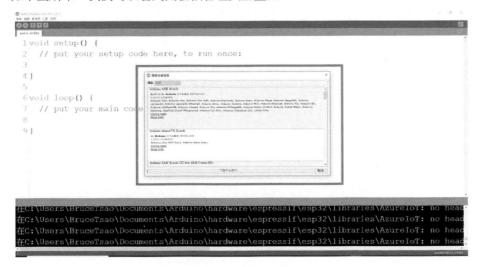

圖 78 開發板管理員主畫面

如下圖所示，我們可以看到下圖紅框處：可以輸入我們要搜尋的開發板名稱。

圖 79 開發板搜尋處

如下圖所示，請再下圖紅框處：輸入『ESP32』，再按下『enter』鍵。

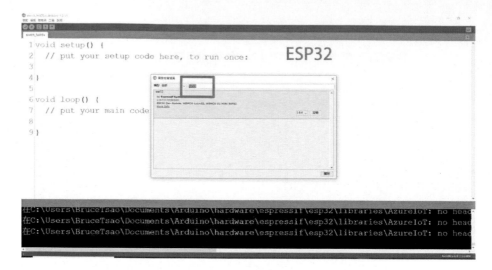

圖 80 輸入 ESP32

如下圖所示，如下圖紅框處：出現可安裝之 ESP32 開發板程式。

圖 81 出現可安裝之 ESP32 開發板

如下圖所示，請先點選下圖紅框處：我們可以查看可安裝版本。

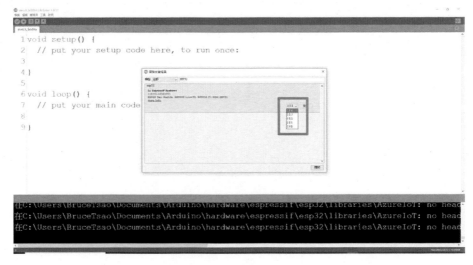

圖 82 查看可安裝版本

如下圖所示，我們點選下圖紅框處，安裝最新版本。

圖 83 安裝最新版本

如下圖所示，開始安裝 ESP32 開發板程式中。

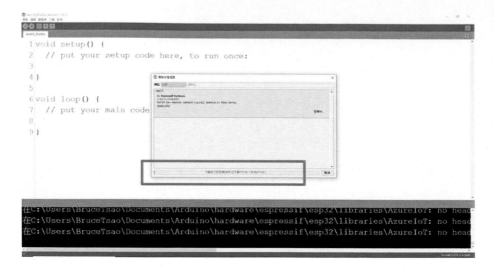

圖 84 安裝 ESP32 開發板程式中

如下圖所示，如果看到 ESP32 開發板程式，其紅框處之『安裝』已經反白或無法點選，則代表我們已經成功安裝 ESP32 開發板程式。

圖 85 完成安裝 ESP32 開發板程式

如下圖所示，我們點選下圖之紅框，離開開發板管理員。

圖 86 離開開發板管理員

如下圖所示，我們回到 Arduino 開發 IDE 之主畫面。

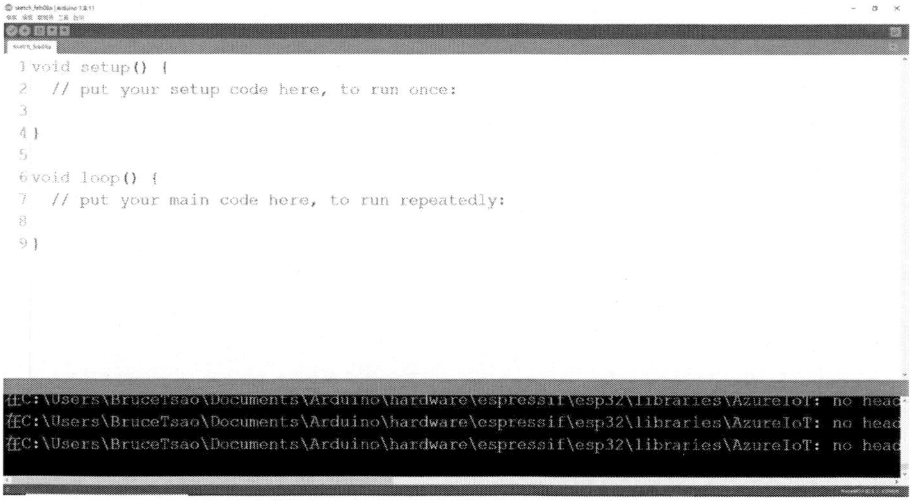

圖 87 Arduino 開發 IDE 之主畫面

如下圖所示，請先點選下圖由上往下第一個紅框處：『工具』，再點選下圖由上往下第二個紅框處：『開發板』，最後再下圖右邊大紅框中選擇大紅框內的小紅框處：『NodeMCU-32S』，如果找不到，可以用滑鼠的滾輪上下捲動，或是點選下圖右邊大紅框中上下邊緣的三角形進行上下捲動，找到您要選擇的開發板。

筆者是選擇『NodeMCU-32S』，為選擇 NodeMCU-32S Lua WiFi 物聯網開發板。

圖 88 選擇 ESP32S 開發板

如下圖所示，請先點選下圖由上往下第一個紅框處：『工具』，再點選下圖由上
往下第二個紅框處：『通訊埠』，最後再下圖右邊紅框中，選擇您開發板的通訊埠，
如果找不到，請讀者再查閱本書『安裝 ESP 開發板的 CP210X 晶片 USB 驅動程式』
內容，即可了解安裝開發板之通訊埠為何。

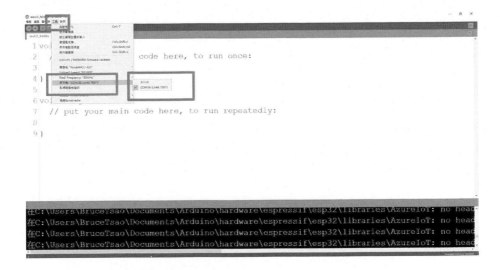

圖 89 設定 ESP32S 開發板通訊埠

如下圖所示，我們完成完成 ESP32S 開發板設定。

圖 90 完成 ESP32S 開發板設定

如上圖所示，我們完成 ESP32S 開發板設定，就可以開始本書所有的 ESP32S
開發板程式燒錄的工作了。

WEMOS D1 WIFI 物聯網開發板安裝 ARDUINO 整合開發環境

首先我們先進入到 Arduino 官方網站的下載頁面：http://arduino.cc/en/Main/Software：

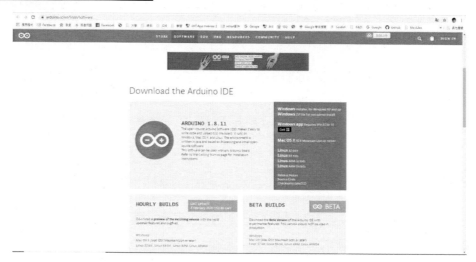

圖 91 Arduino IDE 開發軟體下載區

Arduino 的開發環境，有 Windows、Mac OS X、Linux 版本。本範例以 Windows 版本作為範例，請頁面下方點選「Windows Installer」下載 Windows 版本的開發環境(曹永忠, 2020a, 2020b, 2020g)。

如下圖所示，我們下載最新版 ARDUINO 開發工具：

圖 92 下載最新版 ARDUINO 開發工具

下載之後，請『【物聯網系統開發】Arduino 開發的第一步：學會 IDE 安裝，跨出 Maker 第 一 步 』一文（曹 永 忠，2020a，2020b，2020g），網 址：http://www.techbang.com/posts/76153-first-step-in-development-arduino-development-ide-installation，完成 Arduino 開發 IDE 之 Sketch 開發工具安裝，如下圖所示，已安裝好 Arduino 開發 IDE 環境。

圖 93 安裝好之 Arduino 開發 IDE

如下圖所示，我們先點選下圖之上面第一個紅框，點選『檔案』，接下來再點選下圖之上面第二個紅框，點選『偏好設定』。

圖 94 開啟偏好設定

如下圖所示，我們可以看到偏好設定主畫面。

圖 95 偏好設定主畫面

如下圖所示，我們點選下圖紅框處，打開點選額外開發板管員理網址。

圖 96 點選額外開發板管員理網址

如下圖所示，出現空白框讓您輸入額外開發板管員理網址。

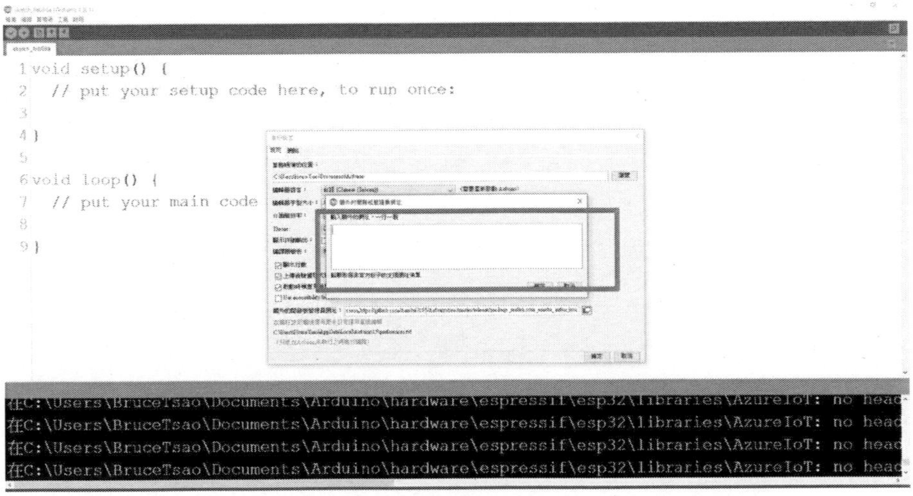

圖 97 出現空白框

如 下 圖 所 示 ， 請 輸 入 輸 入 ESP8266 擴 充 網 址 ：
http://arduino.esp8266.com/stable/package_esp8266com_index.json，將之輸入再輸入框，

如果讀者您的輸入框已經已有其他資料，請將資料輸入再最上面一列。

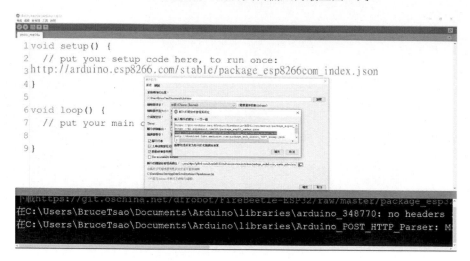

圖 98 輸入 ESP8266 擴充網址

如下圖所示，點選下圖之紅框，完成 ESP8266 擴充網址輸入。

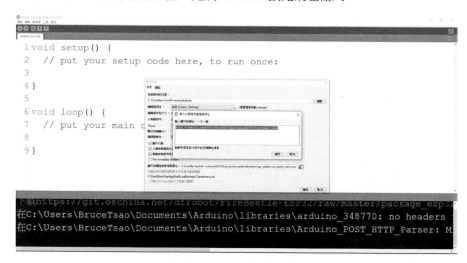

圖 99 完成 ESP8266 擴充網址輸入

如下圖所示，我們發現 ESP8266 擴充網址：

http://arduino.esp8266.com/stable/package_esp8266com_index.json，已在下圖左邊紅框

處，請再按下右邊紅框處，完成偏好設定。

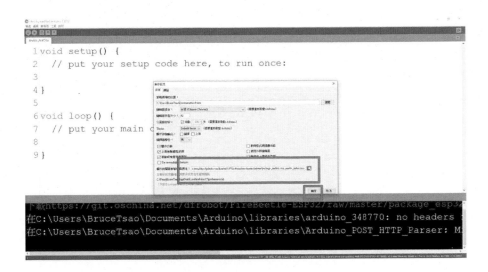

圖 100 完成偏好設定

如下圖所示，我們已回到 Arduino 開發 IDE 之主畫面。

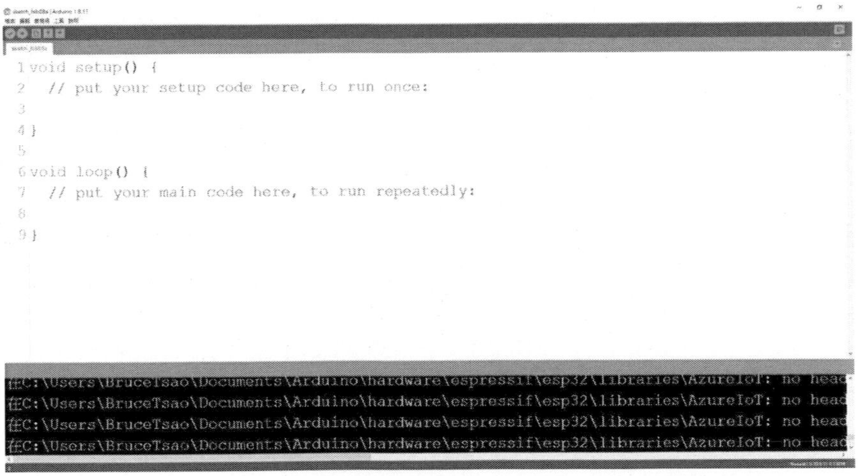

圖 101 回到主畫面

如下圖所示，請先點選下圖由上往下第一個紅框處：『工具』，再點選下圖由上往下第二個紅框處：『開發板』，最後點選下圖由上往下第二列右邊的紅框處：『開發板管理員』，打開開發板管理員。

圖 102 點選開發板管理員

如下圖所示，我們可以看到開發板管理員主畫面。

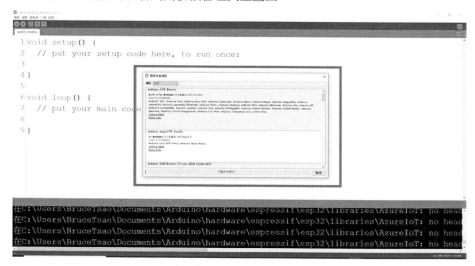

圖 103 開發板管理員主畫面

如下圖所示，我們可以看到下圖紅框處：可以輸入我們要搜尋的開發板名稱。

圖 104 開發板搜尋處

如下圖所示，請再下圖紅框處：輸入『ESP』，再按下『enter』鍵。

圖 105 輸入 ESP

如下圖所示，如下圖紅框處：出現可安裝之 ESP8266 開發板程式。

圖 106 出現可安裝之 ESP8266 開發板

如下圖所示，請先點選下圖紅框處：我們可以查看可安裝版本。

圖 107 查詢可安裝版本

如下圖所示，我們點選下圖紅框處，安裝最新版本。

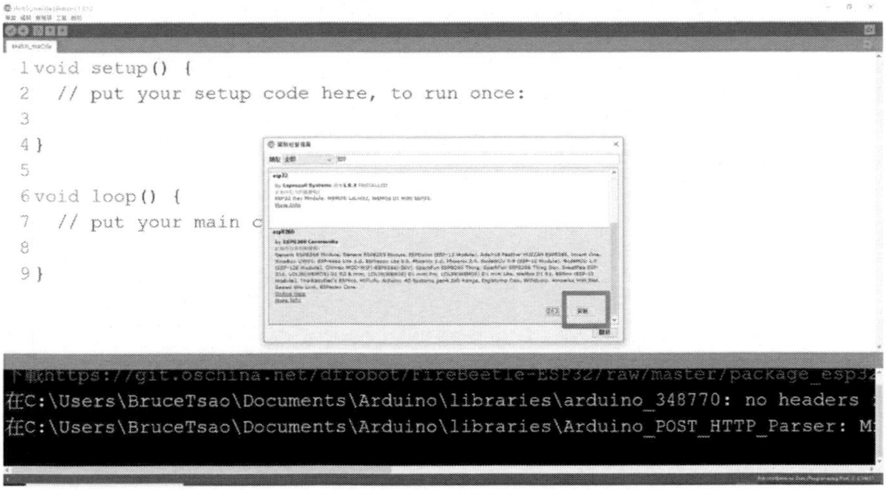

圖 108 安裝最新版本

如下圖所示，開始安裝 ESP32 開發板程式中。

圖 109 安裝 ESP8266 開發板程式中

　如下圖所示，如果看到 ESP8266 開發板程式，其紅框處之『安裝』已經反白或
無法點選，則代表我們已經成功安裝 ESP8266 開發板程式。

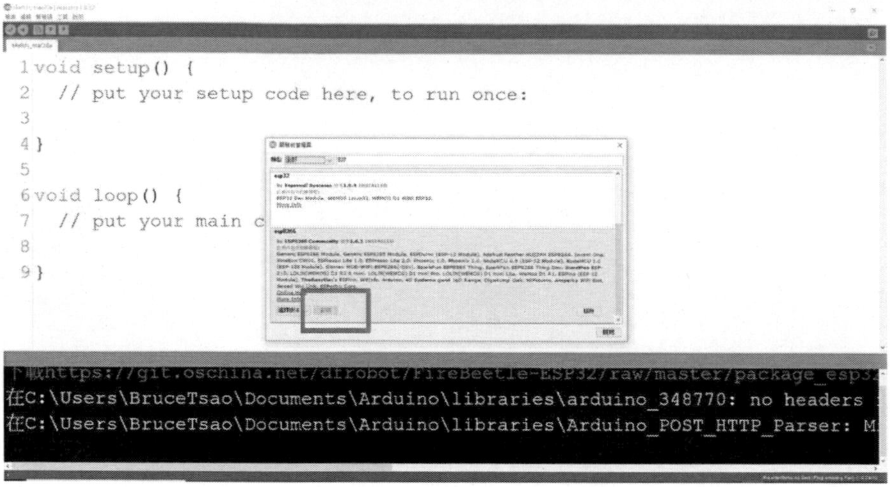

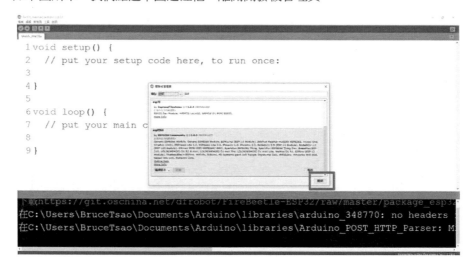

圖 110 完成安裝 ESP8266 開發板程式

如下圖所示，我們點選下圖之紅框，離開開發板管理員。

圖 111 離開開發板管理員

如下圖所示，我們回到 Arduino 開發 IDE 之主畫面。

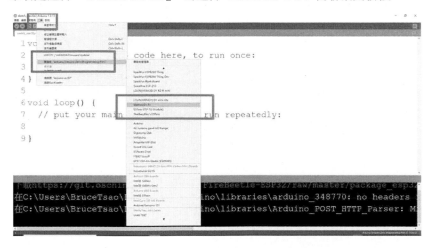

圖 112 Arduino 開發 IDE 之主畫面

如下圖所示，請先點選下圖由上往下第一個紅框處：『工具』，再點選下圖由上往下第二個紅框處：『開發板』，最後再下圖右邊大紅框中選擇大紅框內的小紅框處：『WeMOS D1 R1』，如果找不到，可以用滑鼠的滾輪上下捲動，或是點選下圖右邊大紅框中上下邊緣的三角形進行上下捲動，找到您要選擇的開發板。

筆者是選擇『WeMOS D1 R1』，為選擇 WeMos D1 WIFI 物聯網開發板。

圖 113 選擇 WeMOS D1 R1 開發板

如下圖所示，請先點選下圖由上往下第一個紅框處：『工具』，再點選下圖由上往下第二個紅框處：『通訊埠』，最後再下圖右邊紅框中，選擇您開發板的通訊埠，如果找不到，請讀者再查閱上篇文章『WEMOS D1 WIFI 物聯網開發板驅動程式』內容(曹永忠, 2020a, 2020b) (尤濬哲, 2019; 曹永忠, 2020a, 2020b, 2020c, 2020e, 2020f, 2020g)，即可了解安裝開發板之通訊埠為何。

圖 114 設定 WeMos D1 WIFI 物聯網開發板通訊埠

如下圖所示，我們完成完成 E WeMos D1 WIFI 物聯網開發板設定。

圖 115 完成 WeMos D1 WIFI 物聯網開發板設定

如上圖所示，我們完成 ESP8266 系列的開發版之安裝 ARDUINO 整合開發環境，就可以開始 WeMos D1 WIFI 物聯網開發板程式燒錄的工作了。

章節小結

本章主要介紹之 ESP 32 開發板介紹，至於開發環境安裝與設定，請讀者參閱『ESP32 程式設計(基礎篇):ESP32 IOT Programming (Basic Concept & Tricks)』一書(曹永忠, 2020a, 2020b)，透過本章節的解說，相信讀者會對 ESP 32 開發板認識，有更深入的了解與體認。

CHAPTER

溫溼度感測器

本文會以最簡單的溫濕度感測器(DHT 22)來做主要的感測資料來源,所以本文會以溫濕度感測器(DHT 22)來做主要的感測器,所以我們需要先介紹 ESP 32 開發板連接溫濕度感測器(DHT 22),介紹其連接電路圖與溫溼度讀取程式。

溫溼度模組電路組立

如下圖所示,這個實驗我們需要用到的實驗硬體有下圖.(a)的 ESP 32 開發板、下圖.(b) MicroUSB 下載線、下圖.(c) DHT22 溫濕度模組:

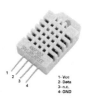

(c). DHT22

(a). NodeMCU 32S開發板　　　(b). MicroUSB 下載線

圖 116 溫溼度監控實驗材料表

讀者可以參考下圖所示之溫溼度監控電路圖(GPIO 4)或下表所示之溫溼度監控(GPIO 4)接腳表,進行電路組立。

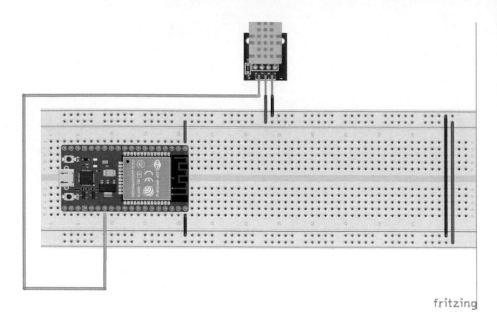

圖 117 溫溼度監控電路圖(GPIO 4)

表 1 溫溼度感測器接腳表(GPIO 4)

接腳	接腳說明	開發板接腳
1	Vcc	電源 (+3.3 / +5V)
2	GND	GND
3	Dataout	GPIO 4

接腳	接腳說明	開發板接腳

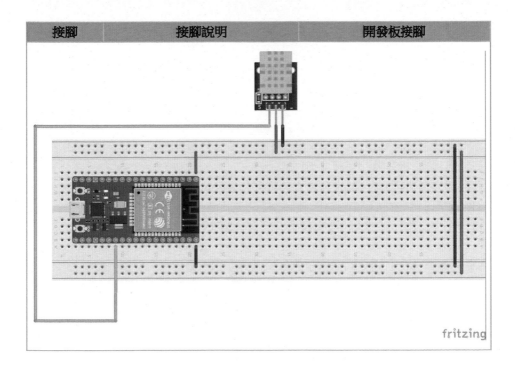

我們遵照前幾章所述，將 ESP 32 開發板的驅動程式安裝好之後，我們打開 ESP 32 開發板的開發工具：Sketch IDE 整合開發軟體(安裝 Arduino 開發環境，請參考『ESP32 程式設計(基礎篇):ESP32 IOT Programming (Basic Concept & Tricks)』之『Arduino 開發 IDE 安裝』(曹永忠, 2020a, 2020b)，安裝 ESP 32 開發板 SDK 請參考『ESP32 程式設計(基礎篇):ESP32 IOT Programming (Basic Concept & Tricks)』之『安裝 ESP32 Arduino 整合開發環境』(曹永忠, 2020a, 2020b))，攥寫一段程式，如下表所示之 dht22 感測器讀取測試程式，取得取得 dht22 感測器感測到的外部溫度、濕度資料。

表 2 dht22 感測器讀取測試程式

dht22 感測器讀取測試程式(DHT22_ESP32)
#include "DHTesp.h" #include "Ticker.h" #ifndef ESP32 #pragma message(THIS EXAMPLE IS FOR ESP32 ONLY!) #error Select ESP32 board.

```
#endif

/**************************************************************/
/* Example how to read DHT sensors from an ESP32 using multi- */
/* tasking.                                                   */
/* This example depends on the ESP32Ticker library to wake up */
/* the task every 20 seconds                                  */
/* Please install Ticker-esp32 library first                  */
/* bertmelis/Ticker-esp32                                     */
/* https://github.com/bertmelis/Ticker-esp32                  */
/**************************************************************/

DHTesp dht;

void tempTask(void *pvParameters);
bool getTemperature();
void triggerGetTemp();

/** Task handle for the light value read task */
TaskHandle_t tempTaskHandle = NULL;
/** Ticker for temperature reading */
Ticker tempTicker;
/** Comfort profile */
ComfortState cf;
/** Flag if task should run */
bool tasksEnabled = false;
/** Pin number for DHT22 data pin */
int dhtPin = 4;

/**
 * initTemp
 * Setup DHT library
 * Setup task and timer for repeated measurement
 * @return bool
 *      true if task and timer are started
 *      false if task or timer couldn't be started
 */
bool initTemp() {
  byte resultValue = 0;
```

```
    // Initialize temperature sensor
       dht.setup(dhtPin, DHTesp::DHT22);
       Serial.println("DHT initiated");

    // Start task to get temperature
       xTaskCreatePinnedToCore(
                tempTask,                          /* Function to implement the task
*/
                "tempTask ",                       /* Name of the task */
                4000,                              /* Stack size in words */
                NULL,                              /* Task input parameter */
                5,                                 /* Priority of the task */
                &tempTaskHandle,                   /* Task handle. */
                1);                                /* Core where the task should run
*/

    if (tempTaskHandle == NULL) {
       Serial.println("Failed to start task for temperature update");
       return false;
    } else {
       // Start update of environment data every 20 seconds
       tempTicker.attach(20, triggerGetTemp);
    }
    return true;
}

/**
 * triggerGetTemp
 * Sets flag dhtUpdated to true for handling in loop()
 * called by Ticker getTempTimer
 */
void triggerGetTemp() {
  if (tempTaskHandle != NULL) {
       xTaskResumeFromISR(tempTaskHandle);
  }
}

/**
 * Task to reads temperature from DHT22 sensor
```

```
 * @param pvParameters
 *      pointer to task parameters
 */
void tempTask(void *pvParameters) {
    Serial.println("tempTask loop started");
    while (1) // tempTask loop
  {
    if (tasksEnabled) {
      // Get temperature values
            getTemperature();
        }
    // Got sleep again
        vTaskSuspend(NULL);
    }
}


/**
 * getTemperature
 * Reads temperature from DHT22 sensor
 * @return bool
 *      true if temperature could be aquired
 *      false if aquisition failed
 */
bool getTemperature() {
    // Reading temperature for humidity takes about 250 milliseconds!
    // Sensor readings may also be up to 2 seconds 'old' (it's a very slow sensor)
    TempAndHumidity newValues = dht.getTempAndHumidity();
    // Check if any reads failed and exit early (to try again).
    if (dht.getStatus() != 0) {
        Serial.println("DHT22 error status: " + String(dht.getStatusString()));
        return false;
    }


    float heatIndex = dht.computeHeatIndex(newValues.temperature,
newValues.humidity);
    float dewPoint = dht.computeDewPoint(newValues.temperature, newValues.humidity);
    float cr = dht.getComfortRatio(cf, newValues.temperature, newValues.humidity);

    String comfortStatus;
```

```
    switch(cf) {
      case Comfort_OK:
        comfortStatus = "Comfort_OK";
        break;
      case Comfort_TooHot:
        comfortStatus = "Comfort_TooHot";
        break;
      case Comfort_TooCold:
        comfortStatus = "Comfort_TooCold";
        break;
      case Comfort_TooDry:
        comfortStatus = "Comfort_TooDry";
        break;
      case Comfort_TooHumid:
        comfortStatus = "Comfort_TooHumid";
        break;
      case Comfort_HotAndHumid:
        comfortStatus = "Comfort_HotAndHumid";
        break;
      case Comfort_HotAndDry:
        comfortStatus = "Comfort_HotAndDry";
        break;
      case Comfort_ColdAndHumid:
        comfortStatus = "Comfort_ColdAndHumid";
        break;
      case Comfort_ColdAndDry:
        comfortStatus = "Comfort_ColdAndDry";
        break;
      default:
        comfortStatus = "Unknown:";
        break;
    };

  Serial.println(" T:" + String(newValues.temperature) + " H:" +
String(newValues.humidity) + " I:" + String(heatIndex) + " D:" + String(dewPoint) + " " +
comfortStatus);
    return true;
}
```

```
void setup()
{
    Serial.begin(9600);
    Serial.println();
    Serial.println("DHT ESP32 example with tasks");
    initTemp();
    // Signal end of setup() to tasks
    tasksEnabled = true;
}

void loop() {
    if (!tasksEnabled) {
        // Wait 2 seconds to let system settle down
        delay(500);
        // Enable task that will read values from the DHT sensor
        tasksEnabled = true;
        if (tempTaskHandle != NULL) {
                vTaskResume(tempTaskHandle);
            }
    }
    yield();
}
```

程式下載：https://github.com/brucetsao/ESP_IOT_Programming

如下圖所示，我們可以看到 dht22 感測器讀取測試程式結果畫面。

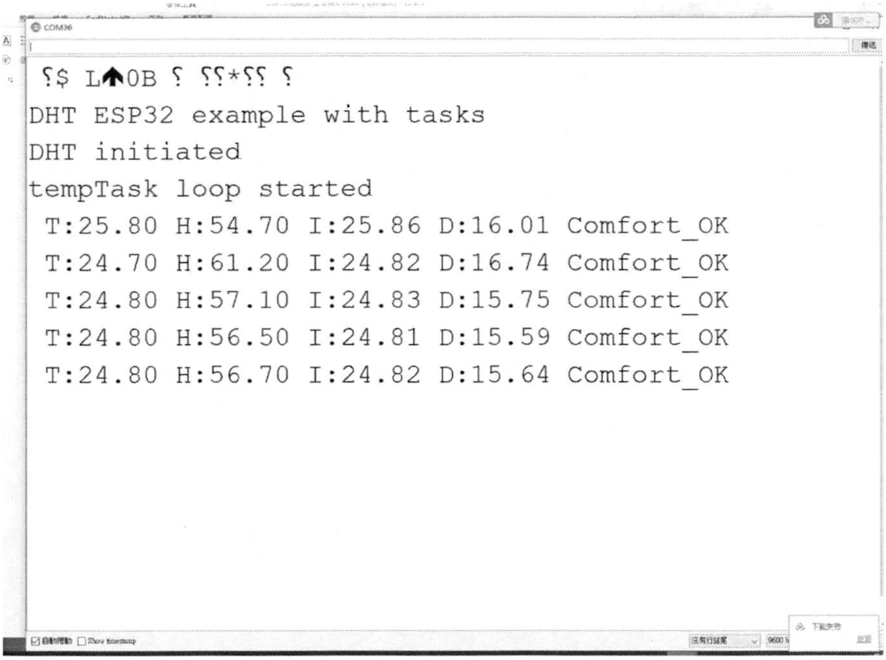

圖 118 dht22 感測器讀取測試程式結果畫面

章節小結

　　本章主要介紹之 ESP 32 開發板與溫溼度感測器之電路設計與基本資料讀取，

其他相關的感測器，請讀者參閱『Arduino 程式教學(常用模組篇):Arduino Pro-

gramming (37 Sensor Modules)』(曹永忠, 許智誠, & 蔡英德, 2015d, 2015g)、『Ameba

程式教學(MQ 氣體模組篇):Ameba RTL8195AM Programming (MQ GAS Modules)』、

『Arduino程式教學(常用模組篇):Arduino Programming (37 Sensor Modules)』、『Arduino

程式教學(常用模組篇):Arduino Programming (37 Sensor Modules)』(曹永忠, 許智誠, &

蔡英德, 2016a, 2016b)、『Arduino 程式教學(溫溼度模組篇):Arduino Programming

(Temperature& Humidity Modules)』(曹永忠, 許智誠, & 蔡英德, 2016d, 2016j)、

『Arduino 程式教學(語音模組篇):Arduino Programming (Voice Modules)』(曹永忠, 許

智誠, & 蔡英德, 2016e, 2016h)、『Arduino 程式教學(顯示模組篇):Arduino Programming (Display Modules)』(曹永忠, 許智誠, & 蔡英德, 2016f, 2016g)、『Arduino RFID 門禁管制機設計: The Design of an Entry Access Control Device based on RFID Technology』(曹永忠, 許智誠, & 蔡英德, 2014a, 2014b, 2014c, 2014d)等等相關書籍,透過本章節的解說,讀者會對接下來內容的講解 ESP 32 開發板讀取溫溼度感測器相關知識認識,有更深入的了解與體認。

3

CHAPTER

運用 Php MYSQL 網站實作物聯網

本文就是要應用 ESP 32 開發板，整合 Apache WebServer(網頁伺服器)，搭配 Php 互動式程式設計與 mySQL 資料庫，建立一個商業資料庫平台，透過 ESP 32 開發板連接溫溼度(本文使用 DHT22 溫濕度感測模組)(曹永忠, 2016i, 2017a, 2017b; 曹永忠, 吳佳駿, 許智誠, & 蔡英德, 2017d, 2017e, 2017f; 曹永忠, 許智誠, & 蔡英德, 2015j, 2015l; 曹永忠, 許智誠, et al., 2016d, 2016j)，轉成為一個物聯網中溫濕度感測裝置，透過無線網路(Wifi Access Point)，將資料溫溼度感測資料，透過網頁資料傳送，將資料送入 mySQL 資料庫。

我們再透過 Php 互動式程式設計，簡單地將這些資料庫中的溫溼度感測資料，透過 Php 互動式程式與網路視覺化元件，呈現在網站上。

本章節參考 Intructable(http://www.instructables.com/)網站上，apais(http://www.instructables.com/member/apais/)所做的：Send Arduino data to the Web (PHP/ MySQL/

D3.js)(http://www.instructables.com/id/PART-1-Send-Arduino-data-to-the-Web-PHP-MyS QL-D3js/?ALLSTEPS)的文章，作者在根據需求修正本章節內容，有興趣的讀者可以參考原作者的內容，自行改進之(曹永忠, 吳佳駿, 許智誠, & 蔡英德, 2016a, 2016b, 2017a, 2017b; 曹永忠, 張程, 郑昊缘, 杨柳姿, & 杨楠、, 2020; 曹永忠, 張程, 鄭昊緣, 楊柳姿, & 楊楠, 2020; 曹永忠, 許智誠, & 蔡英德, 2015a, 2015c; 曹永忠 et al., 2015d; 曹永忠, 許智誠, & 蔡英德, 2015e, 2015f; 曹永忠 et al., 2015g; 曹永忠, 許智誠, & 蔡英德, 2015h, 2015i)。

進入 Dream Weaver CS6 主畫面

為了簡化程式設計困難度，本文採用 Adobe 公司開發的 Adobe Creative Suite系列，採用 CS6 版本的 Dream Weaver CS6 進行設計。

如下圖所示，為 Dream Weaver CS6 的主畫面，對於 Dream Weaver CS6 的基本操作，請讀者自行購書或網路文章學習之。

圖 119 Dream Weaver CS6 的主畫面

網頁伺服器安裝與使用

首先，作者使用 TWAMPd (即開即用免安裝的 PHP / Composer / Drupal 整合開發環境)，其 TWAMP v1.3.0 released 請到 https://drupaltaiwan.org/taxonomy/term/1119

或

https://www.drupal.org/forum/general/news-and-announcements/2009-07-06/twamp-v130-released，下載其軟體。

下列介紹 TWAMP 規格：
- TWAMP v1.3.0 released
- requesttemperature()
- requesthumidity()
- PEAR included
- triple OP code accelerators include eAccelerator, APC and XCache
- SSL ready, you can visit your own web site https://localhost
- PERL ready, visit your own web url https://localhost/cgi/printenv
- Debug ready, xDebug is included.

- fully pass of yii v1.0.6.r1102 test
- fully pass of magento v1.3.2.1 test
- fully pass of vtigercrm v5.0.4 test
-

其套件包含下列元件：

- Apache 2.2.14 版本
- SSL 自簽憑證
- MySQL 5.1.40-community 版本
- PhpMyAdmin 3.2.3.0 版本
- PHP 5.2.11 版本
- Zend Optimizer 3.3.3 版本
- APC, XCache PHP 程式碼加速器
- XDebug 2.0.5 版本 (Debug 環境支援 Eclipse PDT)
- DBG 2.15.5 版本 (Debug 環境支援 Eclipse PDT)
- memcache 2.2.4 版本 (記憶體快取支援)
- Blitz 0.6.7 版本 (當前最快的 PHP Template Engine)
- sqlsrv 1.1.428.1 版本 (SQLServer 2008 資料庫支援)

讀者可以到下列網址： https://drupaltaiwan.org/taxonomy/term/1119 或 https://www.drupal.org/forum/general/news-and-announcements/2009-07-06/twamp-v130-released 下載其安裝包，不懂安裝之處，也可以參考： https://drupaltaiwan.org/forum/20091103/3792 內容進行安裝與使用。

安裝好之後，如下圖，打開安裝後的目錄，作者使用的是 D:\TWAMP 的目錄。

圖 120 免安裝版的 Apache

讀者可以點選下圖紅框處，名稱為『apmxe_zh-TW』的 Apache 伺服器主程式來啟動網頁伺服器。

圖 121 執行 Apache 主程式

讀者使用 IE 瀏覽器或 Chrome 瀏覽器或其它瀏覽器，開啟瀏覽器之後，在網址列輸入『localhost』或『127.0.0.1』(以本機為網頁伺服器)，可以看到下圖，可以看到 Apache 管理畫面。

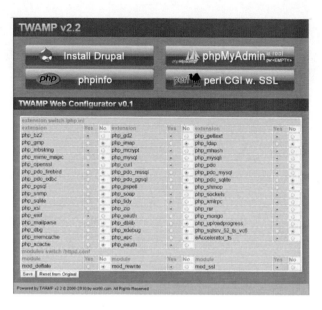

圖 122 Apache 管理畫面

建立資料庫

　　本文作者將伺服器至於 Internet 網際網路上，網址：http://163.22.24.51/phpMyAdmin/index.php ，使用瀏覽器，輸入網址：http://163.22.24.51/phpMyAdmin/index.php，進入『phpMyAdmin』。

圖 123 執行 phpMyAdmin 程式

　　讀者執行 phpMyAdmin 程式後會先到下圖所示之 phpMyAdmin 登錄界面，先在
下圖紅框處輸入帳號與密碼，一般預設都是：使用者為『root』，密碼為『 』，或是
您在安裝時自行設定的密碼。

圖 124 登錄 phpMyAdmin 管理界面

　　讀者登錄 phpMyAdmin 管理程式後，可以看到 phpMyAdmin 主管理界面如下圖

所示：

圖 125 phpMyAdmin 主管理畫面

首先，我們參考下圖左紅框處，先建立一個資料庫，請讀者建立一個名稱為『ncnuiot』的資料庫，並按下下圖右紅框處建立資料庫。

圖 126 建立 ncnuiot 資料庫

如下圖所示，輸入建立資料庫之字元集，筆者採用 UTF8 的 utf8_unicode_ci。

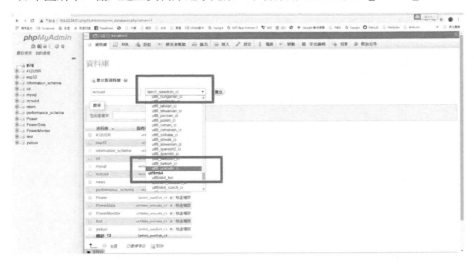

圖 127 選擇資料庫之字元集

如下圖所示，輸入資料庫名稱與資料庫之字元集，按下『確定』建立資料庫。

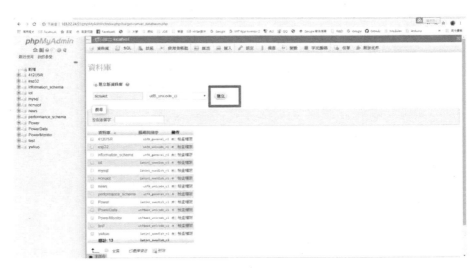

圖 128 確定建立 ncnuiot 資料庫

讀者可以看到下圖，我們選擇剛建立好的 iot 資料庫，進入資料庫內。

圖 129 選擇資料庫

讀者可以看到下圖，新建立的 iot 資料庫內沒有任何資料表。

圖 130 空白的 ncnuiot 資料庫

請讀者在下圖左紅框處：建立新資料表於資料庫iot_輸入『dhtData』的資料表
名稱，並在欄位數目輸入『6』，在下圖右紅框處按下『執行』鈕。

圖 131 建立 dhtData 資料表

請讀者依下表所示，將 dhtData 資料表欄位一一輸入。

表 3 dhtData 資料表欄位表

序號	欄位名稱	型態	長度	用途
01	id	int		主鍵(自動產生)
02	mac	varchar(12)		裝置 MAC 值
03	crtdatetime	timestramp		CURRENT_TIMESTAMP
04	temperature	Float		溫度
05	humidity	Float		濕度
06	systime	varchar(14)		使用者更新時間

請讀者依上表所示，將 dhtData 資料表欄位，如下圖所示圖，一一輸入要建立
的欄位資料。

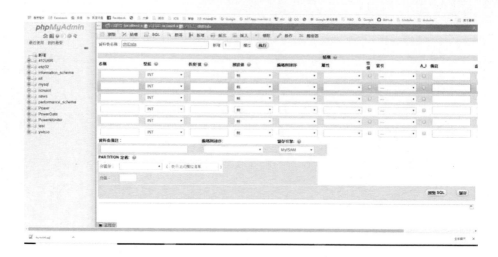

圖 132 輸入 dhtData 資料表欄位資料

如下圖所示圖，將建立的欄位資料輸入完畢後，請選擇『儲存』。

圖 133 輸入 dhtData 資料表欄位內容

如下圖所示圖，mySQL 的 phpMyAdmin 管理系統就會協助我們建立 dhtData 資料表。

圖 134 產生 dhtData 資料表

如下圖所示圖，我們可以在 ncnuiot 資料庫中，該 dhtData 資料表已建立完成。

圖 135 建立完成之 dhtData 資料表

讀者也可以使用 SQL 語法，輸入下列 SQL 語法，建立 dhtData 資料表。

創建 dhtData 資料表(dhtData.sql)
-- phpMyAdmin SQL Dump

```
-- version 4.8.2
-- https://www.phpmyadmin.net/
--
-- 主機: localhost
-- 產生時間： 2020 年 04 月 04 日 12:03
-- 伺服器版本: 5.5.57-MariaDB
-- PHP 版本： 5.6.31

SET SQL_MODE = "NO_AUTO_VALUE_ON_ZERO";
SET AUTOCOMMIT = 0;
START TRANSACTION;
SET time_zone = "+00:00";


/*!40101 SET @OLD_CHARACTER_SET_CLIENT=@@CHARACTER_SET_CLIENT
*/;
/*!40101 SET
@OLD_CHARACTER_SET_RESULTS=@@CHARACTER_SET_RESULTS */;
/*!40101 SET
@OLD_COLLATION_CONNECTION=@@COLLATION_CONNECTION */;
/*!40101 SET NAMES utf8mb4 */;


--
-- 資料庫： `ncnuiot`
--

-- --------------------------------------------------------


--
-- 資料表結構 `dhtData`
--

CREATE TABLE `dhtData` (
  `id` int(11) NOT NULL COMMENT '主鍵',
  `MAC` varchar(12) NOT NULL COMMENT '裝置 MAC 值',
  `crtdatetime` timestamp NOT NULL DEFAULT CURRENT_TIMESTAMP ON
UPDATE CURRENT_TIMESTAMP COMMENT '資料輸入時間',
  `temperature` float NOT NULL COMMENT '溫度',
  `humidity` float NOT NULL COMMENT '濕度',
```

```
  `systime` varchar(14) NOT NULL COMMENT '使用者更新時間'
) ENGINE=MyISAM DEFAULT CHARSET=latin1;


--
-- 已匯出資料表的索引
--


--
-- 資料表索引 `dhtData`
--
ALTER TABLE `dhtData`
  ADD PRIMARY KEY (`id`);


--
-- 在匯出的資料表使用 AUTO_INCREMENT
--


--
-- 使用資料表 AUTO_INCREMENT `dhtData`
--
ALTER TABLE `dhtData`
  MODIFY `id` int(11) NOT NULL AUTO_INCREMENT COMMENT '主鍵';
COMMIT;

/*!40101 SET CHARACTER_SET_CLIENT=@OLD_CHARACTER_SET_CLIENT */;
/*!40101 SET CHARACTER_SET_RESULTS=@OLD_CHARACTER_SET_RESULTS
*/;
/*!40101 SET COLLATION_CONNECTION=@OLD_COLLATION_CONNECTION */;
```

程式下載：https://github.com/brucetsao/ESP_IOT_Programming

裝置資料上傳篇

開啟新檔案

如下圖所示，我們先行開啟新檔案。

圖 136 開啟新檔案

新增 PHP 網頁檔

如下圖所示，我們先行新增 PHP 網頁檔。

圖 137 新增 php 網頁

編輯新檔案

如下圖所示，我們開始編輯新檔案。

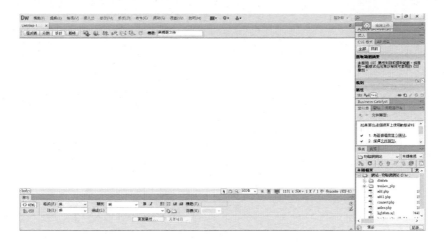

圖 138 空白的 php 網頁(設計端)

如下圖所示，我們先行將新檔案存檔為：dhDatatadd.php，並存在網站之：
『dhtdata』目錄之下。

圖 139 將新檔案存檔為：dhDatatadd.php

輸入 HTTP GET 程式內容

如下圖所示，我們將 dhDatatadd.php 程式填入下列內容。

表 4 dht22 感測器溫溼度上傳程式

dht22 感測器溫溼度上傳程式(dhDatatadd.php)

```php
<?php
    include("../Connections/iotcnn.php");          //使用資料庫的呼叫程式
        //    Connection() ;
    $link=Connection();        //產生 mySQL 連線物件
//    mysql_select_db($link, "ncnuiot") ;
    $temp0=$_GET["MAC"];        //取得 POST 參數 : MAC address
    $temp1=$_GET["T"];          //取得 POST 參數 : temperature
    $temp2=$_GET["H"];          //取得 POST 參數 : humidity


    $sysdt = getdatetime() ;
//    $ddt = getdataorder() ;


    //http://163.22.24.51:9999/dhtdata/dhDatatadd.php?MAC=AABBCCDDEEFF&T=34&
H=34



//    $query = "INSERT INTO `dhtdata` (`humidity`,`temperature`) VALUES
("'.$temp1.'","'.$temp2.'")";
//    $query = "INSERT INTO `DHT`
(`mac`,`humid`,`temp`,`light`,`r`,`g`,`b`,`k`,`datatime`,`dateorder`) VALUES
("'.$temp0.'","'.$temp1.'","'.$temp2.'","'.$temp3.'","'.$temp4.'","'.$temp5.'","'.$temp6.'","'.$temp7.'","
.$sysdt.'","'.$ddt.'")";
//    $query = "INSERT INTO `dht` (`temp`,`humid`) VALUES ("'.$temp1.'","'.$temp2.'")";
    $query = "INSERT INTO ncnuiot.dht (mac,systime,temperature,humidity) VALUES
("'.$temp0.'","'.$sysdt.'","'.$temp1.'","'.$temp2.'")";
    //組成新增到 dhtdata 資料表的 SQL 語法

    echo $query ;
    echo "<br>" ;


    if (mysql_query($query,$link))
        {
                echo "Successful <br>" ;
        }
        else
```

```php
            {
                echo "Fail <br>" ;
            }

                ;               //執行 SQL 語法
    echo "<br>" ;
    mysql_close($link);         //關閉 Query


?>
    <?php
        /* Defining a PHP Function */
        function getdataorder($dt) {
        //      $dt = getdate() ;
                $splitTimeStamp = explode(" ",$dt);
                $ymd = $splitTimeStamp[0] ;
                $hms = $splitTimeStamp[1] ;
                $vdate = explode('-', $ymd);
                $vtime = explode(':', $hms);
                $yyyy =  str_pad($vdate[0],4,"0",STR_PAD_LEFT);
                $mm   =  str_pad($vdate[1] ,2,"0",STR_PAD_LEFT);
                $dd   =  str_pad($vdate[2] ,2,"0",STR_PAD_LEFT);
                $hh   =  str_pad($vtime[0] ,2,"0",STR_PAD_LEFT);
                $min  =  str_pad($vtime[1] ,2,"0",STR_PAD_LEFT);
                $sec  =  str_pad($vtime[2] ,2,"0",STR_PAD_LEFT);
            /*
                echo "***(" ;
                echo $dt ;
                echo "/" ;
                echo $yyyy ;
                echo "/" ;
                echo $mm ;
                echo "/" ;
                echo $dd ;
                echo "/" ;
                echo $hh ;
                echo "/" ;
                echo $min ;
                echo "/" ;
```

```php
        echo $sec ;
        echo ")<br>" ;
    */
    return ($yyyy.$mm.$dd.$hh.$min.$sec)   ;
}
function getdataorder2($dt) {
    //   $dt = getdate() ;
        $splitTimeStamp = explode(" ",$dt);
        $ymd = $splitTimeStamp[0] ;
        $hms = $splitTimeStamp[1] ;
        $vdate = explode('-', $ymd);
        $vtime = explode(':', $hms);
        $yyyy =   str_pad($vdate[0],4,"0",STR_PAD_LEFT);
        $mm   =   str_pad($vdate[1] ,2,"0",STR_PAD_LEFT);
        $dd   =   str_pad($vdate[2] ,2,"0",STR_PAD_LEFT);
        $hh   =   str_pad($vtime[0] ,2,"0",STR_PAD_LEFT);
        $min  =   str_pad($vtime[1] ,2,"0",STR_PAD_LEFT);

    return ($yyyy.$mm.$dd.$hh.$min)   ;
}
function getdatetime() {
  $dt = getdate() ;
        $yyyy =   str_pad($dt['year'],4,"0",STR_PAD_LEFT);
        $mm   =   str_pad($dt['mon'] ,2,"0",STR_PAD_LEFT);
        $dd   =   str_pad($dt['mday'] ,2,"0",STR_PAD_LEFT);
        $hh   =   str_pad($dt['hours'] ,2,"0",STR_PAD_LEFT);
        $min  =   str_pad($dt['minutes'] ,2,"0",STR_PAD_LEFT);
        $sec  =   str_pad($dt['seconds'] ,2,"0",STR_PAD_LEFT);

    return ($yyyy.$mm.$dd.$hh.$min.$sec)   ;
}
            function trandatetime1($dt) {
        $yyyy =   substr($dt,0,4);
        $mm   =   substr($dt,4,2);
        $dd   =   substr($dt,6,2);
        $hh   =   substr($dt,8,2);
        $min  =   substr($dt,10,2);
        $sec  =   substr($dt,12,2);
```

```
            return ($yyyy."/".$mm."/".$dd." ".$hh.":".$min.":".$sec)   ;
        }
    ?>
```

HTTP POST & GET 原理

有寫過網頁表單的人一定不陌生 GET 與 POST，但是大部分的讀者不了解什麼是 GET 與 POST 。雖然目前網頁設計工具相當的進步且可供選擇的工具甚多，甚至不需要接觸 HTML 語法就能完成一個功能俱全的商務網站，所以很多人都忘記了 HTTP 底層的實作原理，致使在發生錯誤的情況下無法正確進行處理、偵錯。

我們在使用 HTML 表單語法時，都會寫到以下的寫法，然而大部分的程式設計師都會採用 POST 進行表單傳送。

```
<form action="" method="POST/GET">
</form>
```

然而在網頁程式中要獲取表單的變數只需要呼叫系統已經封裝好的方法就可以搞定，像是 PHP 使用 $_REQUEST、JAVA 使用 getParameter()、ASP 使用 Request.Form() 這些方法等等。

甚麼是 HTTP Method ??

其實 POST 或 GET 其實是有很大差別的，我們先說明一下 HTTP Method，在 HTTP 1.1 的版本中定義了八種 Method (方法)，如下所示：

● OPTIONS

- GET
- HEAD
- POST
- PUT
- DELETE
- TRACE
- CONNECT

POST 或 GET 原理區別

一般在瀏覽器中輸入網址(URL)訪問資源[3]都是通過 GET 方式；在表單提交(Submit)中，可以使用 Method 指定提交(Submit)方式為 GET 或者 POST，與設是 POST 提交

Http 定義了與網路伺服器通訊的不同方法，最基本的方法有 4 種，分別是 GET，POST，PUT，DELETE

一般而言，根據 HTTP 規範，使用 GET Request 用於資訊獲取，通常用於獲取資訊，比較少用於修改資訊。

換一句話說，GET Request 比較不會有其他安全上的問題，就是說，它僅僅是獲取網頁頁面或資訊，就像數據庫查詢一樣，不會修改，增加數據，不會影響資源的狀態。

---

[3] URL 全稱是資源描述符，我們可以這樣認為：一個 URL 地址，它用於描述一個網絡上的資源，而 HTTP 中的 GET，POST，PUT，DELETE 就對應著對這個資源的查，改，增，刪 4 個操作。到這裡，大家應該有個大概的了解了，GET 一般用於獲取/查詢資源信息，而 POST 一般用於更新資源信息(個人認為這是 GET 和 POST 的本質區別，也是協議設計者的本意，其它區別都是具體表現形式的差異)。版权声明：本文为 CSDN 博主「gideal_wang」的原创文章，遵循 CC 4.0 BY-SA 版权协议，转载请附上原文出处链接及本声明。原文链接：
https://blog.csdn.net/gideal_wang/java/article/details/4316691

根據 HTTP 規範，POST Request 表示可能修改變網頁伺服務器上的資料內容，舉如新增、修改、刪除等要求。

但在實際的開發系統的時候，很多人卻沒有按照 HTTP 規範去做，導致這個問題的原因有很多，比如說：

- 有些開發人員為了更新資源時用了 GET，因為用 POST 必須要到 FORM（表單），必須宣告更多的資料與設定，造成許多麻煩。
- 對於資料庫的新增、修改、刪除、查詢，其實都可以通過 GET/POST 完成，不需要用到 PUT 和 DELETE。

何謂 GET

一般說來，客戶端請求

```
GET / HTTP/1.1
Host: www.google.com
```

（末尾有一個空行。第一行指定方法、資源路徑、協定版本；第二行是在 1.1 版里必帶的一個 header 作用於指定主機）

所以當網頁伺服器收到後，網頁伺服器會應答

```
HTTP/1.1 200 OK
Content-Length: 3059
Server: GWS/2.0
Date: Sat, 11 Jan 2003 02:44:04 GMT
Content-Type: text/html
Cache-control: private
```

Set-Cookie:
PREF=ID=73d4aef52e57bae9:TM=1042253044:LM=1042253044:S=SMCc_HRPCQiqy
X9j; expires=Sun, 17-Jan-2038 19:14:07 GMT; path=/; domain=.google.com
Connection: keep-alive

接下來會緊跟著一個空行(\n)，並且由 HTML 格式的文字組成了 Google 的首頁

我們使用 HTTP GET 傳送資料

接下來我們看到，下表所示之 dhtData 資料表欄位表，我們發現 id, crtdatetime 都是系統欄位，系統會自動產生齊資料。

而 systime 這個『使用者更新時間』也不應該由裝置端上傳資料，因為會有裝置端時間不一致的問題。

表 5 dhtData 資料表欄位表

序號	欄位名稱	型態	長度	用途
01	id	int		主鍵(自動產生)
02	MAC	varchar(12)		裝置 MAC 值
03	crtdatetime	timestramp		CURRENT_TIMESTAMP
04	temperature	Float		溫度
05	humidity	Float		濕度
06	systime	varchar(14)		使用者更新時間

接下來，由上表所示之 dhtData 資料表欄位表，我們發現只剩下『MAC』、『temperature』、『humidity』三個資料需要上傳，其這三個資料欄位長度也很短，所以筆者使用 HTTP GET 的方式來傳送資料。

所以筆者打算用

網站+Db Agent 程式+(參數列表)的方式來傳送資料。

所以我們鑽寫了 dhDatatadd.php 的 Db Agent 程式+MAC=裝置 MAC 值& T=溫度
& H=濕度

來上傳資料。

所以接下來我們看看程式如何接收參數列表

```
$temp0=$_GET["MAC"];      //取得 POST 參數 : MAC address
$temp1=$_GET["T"];        //取得 POST 參數 : temperature
$temp2=$_GET["H"];        //取得 POST 參數 : humidity
```

由於我們會將接受到的資料，上傳到資料庫，所以我們需要連接 mySQL 資料
庫，所以我們增加上面連線程式：

```
include("../Connections/iotcnn.php");         //使用資料庫的呼叫程式
    //    Connection() ;
$link=Connection();      //產生 mySQL 連線物件
```

由於我們需要在伺服器端取得 systime(使用者更新時間)，所以筆者增加了：

```
$sysdt = getdatetime() ;
```

而 getdatetime() 是一個筆者鑽寫的函數，所以我們增加了下列函數：

```php
<?php
    /* Defining a PHP Function */
    function getdataorder($dt) {
    //    $dt = getdate() ;
            $splitTimeStamp = explode(" ",$dt);
            $ymd = $splitTimeStamp[0] ;
            $hms = $splitTimeStamp[1] ;
            $vdate = explode('-', $ymd);
            $vtime = explode(':', $hms);
            $yyyy =   str_pad($vdate[0],4,"0",STR_PAD_LEFT);
            $mm   =   str_pad($vdate[1] ,2,"0",STR_PAD_LEFT);
            $dd   =   str_pad($vdate[2] ,2,"0",STR_PAD_LEFT);
```

```php
        $hh   =   str_pad($vtime[0] ,2,"0",STR_PAD_LEFT);
        $min  =   str_pad($vtime[1] ,2,"0",STR_PAD_LEFT);
        $sec  =   str_pad($vtime[2] ,2,"0",STR_PAD_LEFT);
/*
        echo "***(" ;
        echo $dt ;
        echo "/" ;
        echo $yyyy ;
        echo "/" ;
        echo $mm ;
        echo "/" ;
        echo $dd ;
        echo "/" ;
        echo $hh ;
        echo "/" ;
        echo $min ;
        echo "/" ;
        echo $sec ;
        echo ")<br>" ;
*/
        return ($yyyy.$mm.$dd.$hh.$min.$sec)   ;
}
function getdataorder2($dt) {
    //   $dt = getdate() ;
        $splitTimeStamp = explode(" ",$dt);
        $ymd = $splitTimeStamp[0] ;
        $hms = $splitTimeStamp[1] ;
        $vdate = explode('-', $ymd);
        $vtime = explode(':', $hms);
        $yyyy =   str_pad($vdate[0],4,"0",STR_PAD_LEFT);
        $mm   =   str_pad($vdate[1] ,2,"0",STR_PAD_LEFT);
        $dd   =   str_pad($vdate[2] ,2,"0",STR_PAD_LEFT);
        $hh   =   str_pad($vtime[0] ,2,"0",STR_PAD_LEFT);
        $min  =   str_pad($vtime[1] ,2,"0",STR_PAD_LEFT);

        return ($yyyy.$mm.$dd.$hh.$min)   ;
}
function getdatetime() {
    $dt = getdate() ;
```

```
            $yyyy =   str_pad($dt['year'],4,"0",STR_PAD_LEFT);
            $mm   =   str_pad($dt['mon'] ,2,"0",STR_PAD_LEFT);
            $dd   =   str_pad($dt['mday'] ,2,"0",STR_PAD_LEFT);
            $hh   =   str_pad($dt['hours'] ,2,"0",STR_PAD_LEFT);
            $min  =   str_pad($dt['minutes'] ,2,"0",STR_PAD_LEFT);
            $sec  =   str_pad($dt['seconds'] ,2,"0",STR_PAD_LEFT);

        return ($yyyy.$mm.$dd.$hh.$min.$sec)  ;
    }
                function trandatetime1($dt) {
            $yyyy =   substr($dt,0,4);
            $mm   =   substr($dt,4,2);
            $dd   =   substr($dt,6,2);
            $hh   =   substr($dt,8,2);
            $min  =   substr($dt,10,2);
            $sec  =   substr($dt,12,2);

        return ($yyyy."/".$mm."/".$dd." ".$hh.":".$min.":".$sec)  ;
    }
    ?>
```

最後把傳入的參數與dhtData資料表的欄位整合，透過下列程式，組立成為 SQL
敘述句語法：

```
    $query = "INSERT INTO ncnuiot.dht (mac,systime,temperature,humidity) VALUES
("'.$temp0."',"'.$sysdt."',".$temp1.",".$temp2.")";
    //組成新增到 dhtdata 資料表的 SQL 語法

    echo $query ;
    echo "<br>" ;
```

最後將這個 SQL 敘述句，送入資料庫連線，如下：

```
    if (mysql_query($query,$link))
        {
                echo "Successful <br>" ;
        }
```

```
    else
    {
            echo "Fail <br>" ;
    }


        ;            //執行 SQL 語法
echo "<br>" ;
mysql_close($link);        //關閉 Query
```

使用瀏覽器進行 dataadd 程式測試

最後我們將 dhDatatadd.php 送上網站，透過瀏覽器，輸入
http://163.22.24.51:9999/dhtdata/dhDatatadd.php?MAC=AABBCCDDEEFF&T=34&H=34

如下圖所示，我們可看到 Db Agent 程式，成功上傳資料的畫面。

圖 140 成功上傳資料的畫面

如下圖所示，我們在 phpmyadmin 中可看到 dhtData 資料表，成功上傳資料的畫

面。

圖 141 dhtData 資料表成功上傳資料的畫面

完成伺服器程式設計

如上圖所示，我們使用瀏覽器進行資料瀏覽，我可以知道，透過 php Get 的方法，使用 Get 方法，在網址列，透過參數傳遞(使用參數名=內容)的方法，我們已經可以將資料正常送入網頁的資料庫了。

章節小結

本章主要介紹使用 Http GET 的方式，將溫濕度資料，上傳到溫濕度監控網站，並透過該具有資料庫功能的溫濕度監控網站將資料顯示出來

CHAPTER

網路基礎篇

本章主要介紹讀者如何使用 ESP 32 開發板使用網路基本資源，並瞭解如何聯上網際網路，並取得網路基本資訊，希望讀者可以了解如何使用網際網路與取得網路基本資訊的用法。

取得自身網路卡編號

在網路連接議題上，網路卡編號(MAC address)在資訊安全上，佔著很重要的關鍵因素，所以如何取得 ESP 32 開發板的網路卡編號(MAC address)，當然物聯網程式設計中非常重要的基礎元件，所以本節要介紹如何取得自身網路卡編號，透過攥寫程式來取得網路卡編號(MAC address)(曹永忠, 2016a, 2016d, 2016f, 2016k；曹永忠, 吳佳駿, et al., 2016a, 2016b, 2017a, 2017b；曹永忠, 吳佳駿, 許智誠, & 蔡英德, 2017c；曹永忠, 許智誠, & 蔡英德, 2015b；曹永忠 et al., 2015e, 2015f, 2015g；曹永忠, 許智誠, & 蔡英德, 2015k, 2015m, 2016c, 2016i；曹永忠, 郭晉魁, 吳佳駿, 許智誠, & 蔡英德, 2017)。

取得自身網路卡編號實驗材料

如下圖所示，這個實驗我們需要用到的實驗硬體有下圖.(a)的 ESP 32 開發板、下圖.(b) MicroUSB 下載線：

(a). NodeMCU 32S 開發板　　(b). MicroUSB 下載線

圖 142 取得自身網路卡編號材料表

讀者可以參考下圖所示之取得自身網路卡編號連接電路圖,進行電路組立。

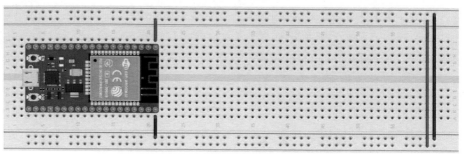

圖 143 取得自身網路卡編號連接電路圖

我們遵照前幾章所述,將 ESP 32 開發板的驅動程式安裝好之後,我們打開 ESP
32 開發板的開發工具:Sketch IDE 整合開發軟體(安裝 Arduino 開發環境,請參考本
文之『Arduino 開發 IDE 安裝』,安裝 ESP 32 開發板 SDK 請參考本文之『安裝 ESP32
Arduino 整合開發環境』),攥寫一段程式,如下表所示之取得自身網路卡編號測試
程式,取得取得自身網路卡編號。

表 6 取得自身網路卡編號測試程式

取得自身網路卡編號測試程式(checkMac)
| ```
#include "WiFi.h"
#include <String.h>

void setup(){
  Serial.begin(9600);

  WiFi.mode(WIFI_MODE_STA);

  Serial.println("");
  Serial.print("Mac Address :");
  Serial.println(WiFi.macAddress());
}
``` |
```

```
void loop(){}
```

程式下載：https://github.com/brucetsao/ESP_IOT_Programming

如下圖所示，我們可以看到取得自身網路卡編號結果畫面。

圖 144 取得自身網路卡編號結果畫面

取得環境可連接之無線基地台

在網路連接議題上，取得環境可連接之無線基地台是非常重要的一個關鍵點，當然如果知道可以上網的基地台，就直接連上就好，但是如果可以取得環境可連接之無線基地台的所有資訊，那將是一大助益，所以文將會教讀者如何取得取得環境可連接之無線基地台，透過攪寫程式來取得取得環境可連接之無線基地台(Access Point)。

取得環境可連接之無線基地台實驗材料

如下圖所示，這個實驗我們需要用到的實驗硬體有下圖.(a)的 ESP 32 開發板、下圖.(b) MicroUSB 下載線：

(a). NodeMCU 32S開發板　　　　(b). MicroUSB 下載線

圖 145 取得環境可連接之無線基地台材料表

讀者可以參考下圖所示之取得環境可連接之無線基地台連接電路圖，進行電路組立。

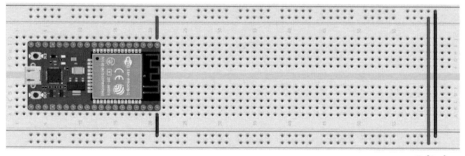

圖 146 取得環境可連接之無線基地台連接電路圖

我們遵照前幾章所述，將 ESP 32 開發板的驅動程式安裝好之後，我們打開 ESP 32 開發板的開發工具：Sketch IDE 整合開發軟體(安裝 Arduino 開發環境，請參考本文之『Arduino 開發 IDE 安裝』，安裝 ESP 32 開發板 SDK 請參考本文之『安裝 ESP32 Arduino 整合開發環境』)，攢寫一段程式，如下表所示之取得環境可連接之無線基地台測試程式，取得可以掃瞄到的無線基地台(Access Points)。

表 7 取得環境可連接之無線基地台測試程式

取得環境可連接之無線基地台測試程式(Scannetworks_ESP32)

```
/*
 *   This sketch demonstrates how to scan WiFi networks.
 *   The API is almost the same as with the WiFi Shield library,
 *   the most obvious difference being the different file you need to include:
 */
#include "WiFi.h"

void setup()
{
    Serial.begin(9600);

    // Set WiFi to station mode and disconnect from an AP if it was previously connected
    WiFi.mode(WIFI_STA);
    WiFi.disconnect();
    delay(100);

    Serial.println("Setup done");
}

void loop()
{
    Serial.println("scan start");

    // WiFi.scanNetworks will return the number of networks found
    int n = WiFi.scanNetworks();
    Serial.println("scan done");
    if (n == 0) {
        Serial.println("no networks found");
    } else {
        Serial.print(n);
        Serial.println(" networks found");
        for (int i = 0; i < n; ++i) {
            // Print SSID and RSSI for each network found
            Serial.print(i + 1);
            Serial.print(": ");
```

```
            Serial.print(WiFi.SSID(i));
            Serial.print(" (");
            Serial.print(WiFi.RSSI(i));
            Serial.print(")");
            Serial.println((WiFi.encryptionType(i) == WIFI_AUTH_OPEN)?" ":"*");
            delay(10);
        }
    }
    Serial.println("");

    // Wait a bit before scanning again
    delay(5000);
}
```

程式下載：https://github.com/brucetsao/ESP_IOT_Programming

如下圖所示，我們可以看到取得環境可連接之無線基地台。

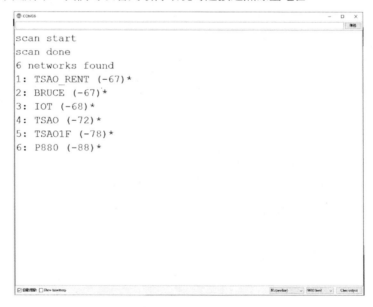

圖 147 取得環境可連接之無線基地台結果畫面

連接無線基地台

本文要介紹讀者如何透過連接無線基地台來上網，並了解 ESP 32 開發板如何透過外加網路函數來連接無線基地台(曹永忠, 2016h)。

連接無線基地台實驗材料

如下圖所示，這個實驗我們需要用到的實驗硬體有下圖.(a)的 ESP 32 開發板、下圖.(b) MicroUSB 下載線：

(a). NodeMCU 32S開發板　　　　(b). MicroUSB 下載線

圖 148 連接無線基地台材料表

讀者可以參考下圖所示之連接無線基地台連接電路圖，進行電路組立(曹永忠, 2016h)。

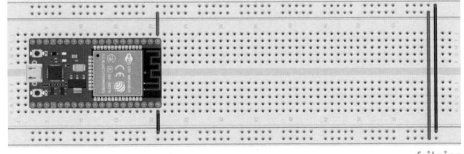

圖 149 連接無線基地台電路圖

我們遵照前幾章所述，將 ESP 32 開發板的驅動程式安裝好之後，我們打開 ESP 32 開發板的開發工具：Sketch IDE 整合開發軟體(安裝 Arduino 開發環境，請參考本文之『Arduino 開發 IDE 安裝』，安裝 ESP 32 開發板 SDK 請參考本文之『安裝 ESP32 Arduino 整合開發環境』)，攥寫一段程式，如下表所示之連接無線基地台測試程式，透過無線基地台連上網際網路。

表 8 連接無線基地台測試程式(密碼模式)

連接無線基地台測試程式(密碼模式) (WiFiAccessPoint_ESP32)

```
#include <WiFi.h>

#define LED_BUILTIN 2      // Set the GPIO pin where you connected your test LED or
comment this line out if your dev board has a built-in LED

// Set these to your desired credentials.
const char *ssid = "BRUCE";
const char *password = "12345678";


void setup() {
  pinMode(LED_BUILTIN, OUTPUT);
  digitalWrite(LED_BUILTIN,LOW) ;
  Serial.begin(9600);
  delay(10);

    // We start by connecting to a WiFi network

  Serial.println();
  Serial.println();
  Serial.print("Connecting to ");
  Serial.println(ssid);

  WiFi.begin(ssid, password);
```

```
    while (WiFi.status() != WL_CONNECTED)
    {
        delay(500);
        Serial.print(".");
    }
    digitalWrite(LED_BUILTIN,HIGH) ;
    Serial.println("");
    Serial.println("WiFi connected");
    Serial.println("IP address: ");
    Serial.println(WiFi.localIP());



}

void loop() {

}
```

程式下載：https://github.com/brucetsao/ESP_IOT_Programming

下表為連接無線基地台測試程式(無加密方式)之程式，若讀者使用無線基地台
為無加密方式連線，則採用此程式。

表 9 連接無線基地台測試程式(無加密方式)

連接無線基地台測試程式(無加密方式)(WiFiAccessPoint_NoPWD_ESP32)
#include <WiFi.h> #define LED_BUILTIN 2   // Set the GPIO pin where you connected your test LED or comment this line out if your dev board has a built-in LED // Set these to your desired credentials. const char *ssid = "BRUCE";

```
void setup() {
  pinMode(LED_BUILTIN, OUTPUT);
  digitalWrite(LED_BUILTIN,LOW) ;
  Serial.begin(9600);
  delay(10);

    // We start by connecting to a WiFi network

    Serial.println();
    Serial.println();
    Serial.print("Connecting to ");
    Serial.println(ssid);

    WiFi.begin(ssid);

    while (WiFi.status() != WL_CONNECTED)
    {
        delay(500);
        Serial.print(".");
    }
    digitalWrite(LED_BUILTIN,HIGH) ;
    Serial.println("");
    Serial.println("WiFi connected");
    Serial.println("IP address: ");
    Serial.println(WiFi.localIP());



}

void loop() {

}
```

程式下載：https://github.com/brucetsao/ESP_IOT_Programming

如下圖所示，我們可以看到連接無線基地台結果畫面。

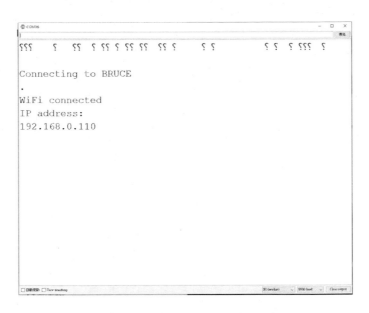

圖 150 連接無線基地台結果畫面

多部無線基地台自動連接

如果網路環境有許多無線基地台，但是不一定所有的無線基地台都開啟，如何在多部無線基地台中，自動找尋壹台可以上網地無線基地台，本文要介紹讀者如何在多部無線基地台中，自動找尋壹台可以上網地無線基地台上網，並了解 ESP 32 開發板如何透過外加網路函數來連接無線基地台(曹永忠, 2016h)。

多部無線基地台自動連接實驗材料

如下圖所示，這個實驗我們需要用到的實驗硬體有下圖.(a)的 ESP 32 開發板、下圖.(b) MicroUSB 下載線：

(a). NodeMCU 32S開發板　　　　(b). MicroUSB　下載線

圖 151 連接無線基地台材料表

讀者可以參考下圖所示之多部無線基地台自動連接電路圖，進行電路組立(曹永忠, 2016h)。

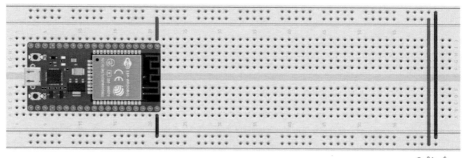

圖 152 多部無線基地台自動連接電路圖

我們遵照前幾章所述，將 ESP 32 開發板的驅動程式安裝好之後，我們打開 ESP 32 開發板的開發工具：Sketch IDE 整合開發軟體(安裝 Arduino 開發環境，請參考本文之『Arduino 開發 IDE 安裝』，安裝 ESP 32 開發板　SDK 請參考本文之『安裝 ESP32 Arduino 整合開發環境』)，攥寫一段程式，如下表所示之多部無線基地台自動連接測試程式，在多部無線基地台中，自動找尋壹台可以上網地無線基地台連上網際網路。

表 10 多部無線基地台自動連接(密碼模式)

多部無線基地台自動連接(WiFiMulti_ESP32)
/*

```
*    This sketch trys to Connect to the best AP based on a given list
*
*/

#include <WiFi.h>
#include <WiFiMulti.h>
#define LED_BUILTIN 2      // Set the GPIO pin where you connected your test LED or
comment this line out if your dev board has a built-in LED

WiFiMulti wifiMulti;

void setup()
{
  pinMode(LED_BUILTIN, OUTPUT);
  digitalWrite(LED_BUILTIN,LOW) ;
  Serial.begin(9600);
  delay(10);

    wifiMulti.addAP("BRUCE", "12345678");
    wifiMulti.addAP("Brucetsao", "12345678");

      Serial.println("Connecting Wifi...");
    if(wifiMulti.run() == WL_CONNECTED) {
        Serial.println("");
        Serial.print("Successful Connecting to Access Point:");
        Serial.println(WiFi.SSID());
        Serial.println("WiFi connected");
        Serial.println("IP address: ");
        Serial.println(WiFi.localIP());
    }

    digitalWrite(LED_BUILTIN,HIGH) ;
    Serial.println("");
    Serial.println("WiFi connected");
    Serial.println("IP address: ");
    Serial.println(WiFi.localIP());

}
```

```
void loop()
{

}
```

程式下載：https://github.com/brucetsao/ESP_IOT_Programming

如下圖所示，我們可以在多部無線基地台中，自動找尋壹台可以上網地無線基地台連上網際網路之結果畫面。

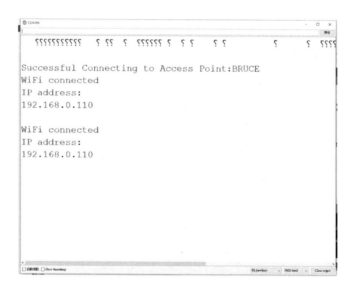

圖 153 多部無線基地台中自動連接無線基地台結果畫面

連接網際網路

本文要介紹讀者如何透過連接無線基地台來上網，並了解 ESP 32 開發板如何透過外加網路函數來連接無線基地台(曹永忠, 2016b, 2016c, 2016e, 2016g, 2016h, 2016j)，進而連上網際網路，並測試連上網站『www.google.com』，進行是否真的可以連上網際網路。

連接網際網路實驗材料

如下圖所示，這個實驗我們需要用到的實驗硬體有下圖.(a)的 ESP 32 開發板、
下圖.(b) MicroUSB 下載線：

(a). NodeMCU 32S開發板   (b). MicroUSB 下載線

圖 154 連接網際網路材料表

讀者可以參考下圖所示之連接網際網路電路圖，進行電路組立(曹永忠, 2016h)。

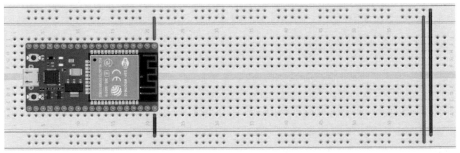

圖 155 連接網際網路電路圖

我們遵照前幾章所述，將 ESP 32 開發板的驅動程式安裝好之後，我們打開 ESP
32 開發板的開發工具：Sketch IDE 整合開發軟體(安裝 Arduino 開發環境，請參考本
文之『Arduino 開發 IDE 安裝』，安裝 ESP 32 開發板 SDK 請參考本文之『安裝 ESP32
Arduino 整合開發環境』)，攢寫一段程式，如下表所示之連接網際網路測試程式，
透過無線基地台連上網際網路，並實際連到網站進行測試。

表 11 連接網際網路測試程式

連接網際網路測試程式(WebAccess_ESP32)

```
#include <WiFi.h>
#include <WiFiClient.h>

#define LED_BUILTIN 2     // Set the GPIO pin where you connected your test LED or
comment this line out if your dev board has a built-in LED

// Set these to your desired credentials.
const char *ssid = "BRUCE";
const char *password = "12345678";

const char* server = "www.hinet.net";
int value = 0;
WiFiClient client;

void setup() {
  pinMode(LED_BUILTIN, OUTPUT);
  digitalWrite(LED_BUILTIN,LOW) ;
  Serial.begin(9600);
  delay(10);

    // We start by connecting to a WiFi network

    Serial.println();
    Serial.println();
    Serial.print("Connecting to ");
    Serial.println(ssid);

    WiFi.begin(ssid, password);

    while (WiFi.status() != WL_CONNECTED)
    {
        delay(500);
        Serial.print(".");
```

```
    }

    Serial.println("");
    Serial.println("WiFi connected");
    Serial.println("IP address: ");
    Serial.println(WiFi.localIP());

    //------------------
  Serial.println("\nStarting connection to server...");
  // if you get a connection, report back via serial:
  if (client.connect(server, 80))
  {
    Serial.println("connected to server");
    // Make a HTTP request:
    client.println("GET /search?q=ESP32 HTTP/1.1");
    client.println("Host: www.google.com");
    client.println("Connection: close");
    client.println();
  }
}

void loop() {
  // if there are incoming bytes available
  // from the server, read them and print them:
  while (client.available()) {
    char c = client.read();
    Serial.write(c);
  }

  // if the server's disconnected, stop the client:
  if (!client.connected()) {
    Serial.println();
    Serial.println("disconnecting from server.");
    client.stop();

    // do nothing forevermore:
    while (true);
  }
}
```

如下圖所示，我們可以看到連接網際網路結果畫面。

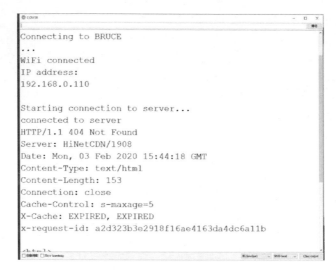

圖 156 連接網際網路結果畫面

章節小結

本章主要介紹之 ESP 32 開發板使用網路的基礎應用，相信讀者會對連接無線網路熱點，如何上網等網路基礎應用，有更深入的了解與體認。

CHAPTER

將溫溼度裝置連接上雲端平台

本章主要介紹讀者如何使用 ESP 32 開發板來使用網路來建構網路伺服器，使用者連接到 ESP 32 開發板所建置的網頁伺服器，可以看到目前 ESP 32 開發板連接的感測器資料，並以視覺化的儀表板顯示之。

本文就是要應用 ESP 32 開發板，整合 Apache WebServer(網頁伺服器)，搭配 Php 互動式程式設計與 mySQL 資料庫，建立一個商業資料庫平台，透過 ESP 32 開發板連接溫溼度(本文使用 DHT22 溫濕度感測模組)(曹永忠, 2016i, 2017a, 2017b; 曹永忠, 吳佳駿, et al., 2017d, 2017e, 2017f; 曹永忠 et al., 2015j, 2015l; 曹永忠, 許智誠, et al., 2016d, 2016j)，轉成為一個物聯網中溫濕度感測裝置，透過無線網路(Wifi Access Point)，將資料溫溼度感測資料，透過網頁資料傳送，將資料送入 mySQL 資料庫。

我們再透過 Php 互動式程式設計，簡單地將這些資料庫中的溫溼度感測資料，透過 Php 互動式程式與網路視覺化元件，呈現在網站上。

本章節參考 Intructable(http://www.instructables.com/)網站上，apais(http://www.instructables.com/member/apais/)所做的：Send Arduino data to the Web (PHP/ MySQL/ D3.js)(http://www.instructables.com/id/PART-1-Send-Arduino-data-to-the-Web-PHP-MySQL-D3js/?ALLSTEPS)的文章，作者在根據需求修正本章節內容，有興趣的讀者可以參考原作者的內容，自行改進之(曹永忠, 吳佳駿, et al., 2016a, 2016b, 2017a, 2017b; 曹永忠, 張程, et al., 2020; 曹永忠, 張程, et al., 2020; 曹永忠 et al., 2015a, 2015c, 2015d, 2015e, 2015f, 2015g, 2015h, 2015i)。

設計讀取溫溼度裝置

如下圖所示，這個實驗我們需要用到的實驗硬體有下圖.(a)的 ESP 32 開發板、下圖.(b) MicroUSB 下載線：

電路組立

如下圖所示，這個實驗我們需要用到的實驗硬體有下圖.(a)的 ESP 32 開發板、下圖.(b) MicroUSB 下載線、下圖.(c) DHT22 溫濕度模組：

(c). DHT22

(a). NodeMCU 32S開發板　　(b). MicroUSB 下載線

(d). LCD 2004 I2C

圖 157 溫溼度監控實驗材料表

讀者可以參考下圖所示之溫溼度監控電路圖(GPIO 4)或下表所示之溫溼度監控(GPIO 4)接腳表，進行電路組立。

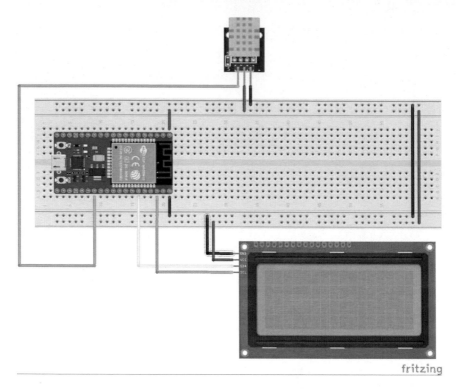

圖 158 溫溼度監控電路圖(GPIO 4)

表 12 溫溼度監控(GPIO 4)接腳表

接腳	接腳說明	開發板接腳
1	Vcc	電源 (+3.3 / +5V)
2	GND	GND
3	Dataout	GPIO 4

接腳	接腳說明	開發板接腳
1	Vcc	電源 (+3.3 / +5V)
2	GND	GND

接腳	接腳說明	開發板接腳
3	SDA	GPIO21(I2C SDA)
	SCL	GPIO22(I2C SCL)

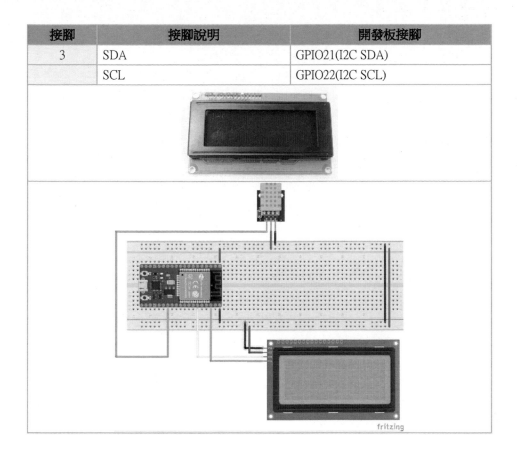

顯示溫溼度

我們遵照前幾章所述，將 ESP 32 開發板的驅動程式安裝好之後，我們打開 ESP 32 開發板的開發工具：Sketch IDE 整合開發軟體(安裝 Arduino 開發環境，請參考『ESP32 程式設計(基礎篇):ESP32 IOT Programming (Basic Concept & Tricks)』之『Arduino 開發 IDE 安裝』(曹永忠, 2020a, 2020b)，安裝 ESP 32 開發板 SDK 請參考『ESP32 程式設計(基礎篇):ESP32 IOT Programming (Basic Concept & Tricks)』之『安裝 ESP32 Arduino 整合開發環境』(曹永忠, 2020a, 2020b))，攥寫一段程式，如下表所示之 dht22 感測器讀取測試程式，取得取得 dht22 感測器感測到的外部溫度、溼度資料。

表 13 dht22 感測器讀取測試程式

dht22 感測器讀取測試程式(DHT22_ESP32)

```
#include "DHTesp.h"
#include "Ticker.h"

#ifndef ESP32
#pragma message(THIS EXAMPLE IS FOR ESP32 ONLY!)
#error Select ESP32 board.
#endif

/**************************************************************/
/* Example how to read DHT sensors from an ESP32 using multi- */
/* tasking.                                                  */
/* This example depends on the ESP32Ticker library to wake up */
/* the task every 20 seconds                                 */
/* Please install Ticker-esp32 library first                 */
/* bertmelis/Ticker-esp32                                    */
/* https://github.com/bertmelis/Ticker-esp32                 */
/**************************************************************/

DHTesp dht;

void tempTask(void *pvParameters);
bool getTemperature();
void triggerGetTemp();

/** Task handle for the light value read task */
TaskHandle_t tempTaskHandle = NULL;
/** Ticker for temperature reading */
Ticker tempTicker;
/** Comfort profile */
ComfortState cf;
/** Flag if task should run */
bool tasksEnabled = false;
/** Pin number for DHT22 data pin */
int dhtPin = 4;

/**
 * initTemp
 * Setup DHT library
 * Setup task and timer for repeated measurement
```

```
 * @return bool
 *      true if task and timer are started
 *      false if task or timer couldn't be started
 */
bool initTemp() {
  byte resultValue = 0;
  // Initialize temperature sensor
     dht.setup(dhtPin, DHTesp::DHT22);
     Serial.println("DHT initiated");

  // Start task to get temperature
     xTaskCreatePinnedToCore(
             tempTask,                         /* Function to implement the task
*/
             "tempTask ",                      /* Name of the task */
             4000,                             /* Stack size in words */
             NULL,                             /* Task input parameter */
             5,                                /* Priority of the task */
             &tempTaskHandle,                  /* Task handle. */
             1);                               /* Core where the task should run
*/

  if (tempTaskHandle == NULL) {
    Serial.println("Failed to start task for temperature update");
    return false;
  } else {
    // Start update of environment data every 20 seconds
    tempTicker.attach(20, triggerGetTemp);
  }
  return true;
}

/**
 * triggerGetTemp
 * Sets flag dhtUpdated to true for handling in loop()
 * called by Ticker getTempTimer
 */
void triggerGetTemp() {
  if (tempTaskHandle != NULL) {
```

```
            xTaskResumeFromISR(tempTaskHandle);
    }
}

/**
 * Task to reads temperature from DHT22 sensor
 * @param pvParameters
 *      pointer to task parameters
 */
void tempTask(void *pvParameters) {
    Serial.println("tempTask loop started");
    while (1) // tempTask loop
    {
    if (tasksEnabled) {
        // Get temperature values
                getTemperature();
            }
        // Got sleep again
            vTaskSuspend(NULL);
        }
}

/**
 * getTemperature
 * Reads temperature from DHT22 sensor
 * @return bool
 *      true if temperature could be aquired
 *      false if aquisition failed
 */
bool getTemperature() {
    // Reading temperature for humidity takes about 250 milliseconds!
    // Sensor readings may also be up to 2 seconds 'old' (it's a very slow sensor)
    TempAndHumidity newValues = dht.getTempAndHumidity();
    // Check if any reads failed and exit early (to try again).
    if (dht.getStatus() != 0) {
        Serial.println("DHT22 error status: " + String(dht.getStatusString()));
        return false;
    }
```

```
    float heatIndex = dht.computeHeatIndex(newValues.temperature,
newValues.humidity);
  float dewPoint = dht.computeDewPoint(newValues.temperature, newValues.humidity);
  float cr = dht.getComfortRatio(cf, newValues.temperature, newValues.humidity);

  String comfortStatus;
  switch(cf) {
    case Comfort_OK:
      comfortStatus = "Comfort_OK";
      break;
    case Comfort_TooHot:
      comfortStatus = "Comfort_TooHot";
      break;
    case Comfort_TooCold:
      comfortStatus = "Comfort_TooCold";
      break;
    case Comfort_TooDry:
      comfortStatus = "Comfort_TooDry";
      break;
    case Comfort_TooHumid:
      comfortStatus = "Comfort_TooHumid";
      break;
    case Comfort_HotAndHumid:
      comfortStatus = "Comfort_HotAndHumid";
      break;
    case Comfort_HotAndDry:
      comfortStatus = "Comfort_HotAndDry";
      break;
    case Comfort_ColdAndHumid:
      comfortStatus = "Comfort_ColdAndHumid";
      break;
    case Comfort_ColdAndDry:
      comfortStatus = "Comfort_ColdAndDry";
      break;
    default:
      comfortStatus = "Unknown:";
      break;
  };
```

```
    Serial.println(" T:" + String(newValues.temperature) + " H:" +
String(newValues.humidity) + " I:" + String(heatIndex) + " D:" + String(dewPoint) + " " +
comfortStatus);
    return true;
}

void setup()
{
    Serial.begin(9600);
    Serial.println();
    Serial.println("DHT ESP32 example with tasks");
    initTemp();
    // Signal end of setup() to tasks
    tasksEnabled = true;
}

void loop() {
    if (!tasksEnabled) {
        // Wait 2 seconds to let system settle down
        delay(500);
        // Enable task that will read values from the DHT sensor
        tasksEnabled = true;
        if (tempTaskHandle != NULL) {
                vTaskResume(tempTaskHandle);
            }
    }
    yield();
}
```

程式下載：https://github.com/brucetsao/ESP_IOT_Programming

如下圖所示，我們可以看到 dht22 感測器讀取測試程式結果畫面。

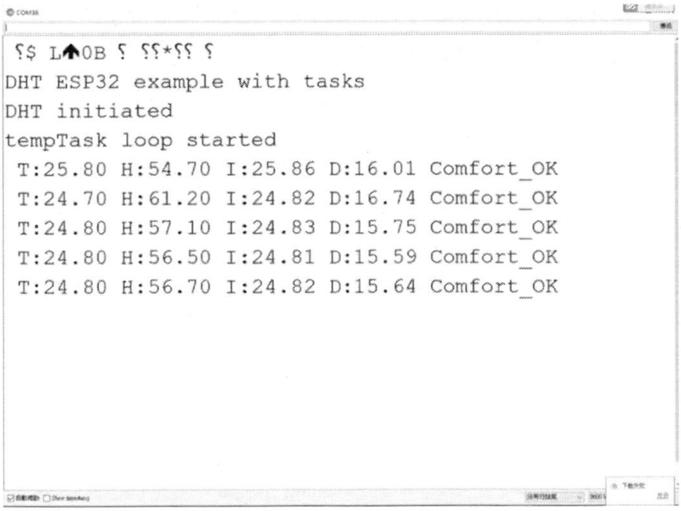

圖 159 dht22 感測器讀取測試程式結果畫面

透過 LCD2004 顯示溫溼度

接下來我們要使用 LCD2004 顯示器來顯示溫溼度的資料,我們遵照前幾章所述,將 ESP 32 開發板的驅動程式安裝好之後,我們打開 ESP 32 開發板的開發工具:Sketch IDE 整合開發軟體(安裝 Arduino 開發環境,請參考本文之『Arduino 開發 IDE 安裝』,安裝 ESP 32 開發板 SDK 請參考『ESP32 程式設計(基礎篇):ESP32 IOT Programming (Basic Concept & Tricks)』之『安裝 ESP32 Arduino 整合開發環境』(曹永忠, 2020a, 2020b)),攥寫一段程式,如下表所示之透過 LCD2004 顯示溫溼度程式,我們就可以透過 LCD2004 顯示器來顯示溫溼度的資料。

表 14 透過 LCD2004 顯示溫溼度程式

透過 LCD2004 顯示溫溼度程式(dhtData_on_LCD2004)
#include "WiFi.h" #include <String.h>

~ 141 ~

```
#include <Wire.h>
#include <LiquidCrystal_I2C.h>
LiquidCrystal_I2C lcd(0x27,20,4);    // set the LCD address to 0x27 for a 16 chars and 2
line display

#include "DHTesp.h"
#include "Ticker.h"

#ifndef ESP32
#pragma message(THIS EXAMPLE IS FOR ESP32 ONLY!)
#error Select ESP32 board.
#endif


/**************************************************************/
/* Example how to read DHT sensors from an ESP32 using multi- */
/* tasking.                                                   */
/* This example depends on the ESP32Ticker library to wake up */
/* the task every 20 seconds                                  */
/* Please install Ticker-esp32 library first                  */
/* bertmelis/Ticker-esp32                                     */
/* https://github.com/bertmelis/Ticker-esp32                  */
/**************************************************************/
///////please enter your sensitive data in the Secret tab/arduino_secrets.h

String MacData ;       // store mac address
double hhh,ttt ;       // get temperature and huimidity variable
DHTesp dht;            // gen object for dht11

void tempTask(void *pvParameters);
bool getTemperature();
void triggerGetTemp();

/** Task handle for the light value read task */
TaskHandle_t tempTaskHandle = NULL;
/** Ticker for temperature reading */
Ticker tempTicker;
/** Comfort profile */
ComfortState cf;
```

```
/** Flag if task should run */
bool tasksEnabled = false;
/** Pin number for DHT11 data pin */
int dhtPin = 4;     // real GPIO Pin for DHT11 Dataout pin


/**
 * initTemp
 * Setup DHT library
 * Setup task and timer for repeated measurement
 * @return bool
 *       true if task and timer are started
 *       false if task or timer couldn't be started
 */
bool initTemp() {
  byte resultValue = 0;
  // Initialize temperature sensor
    dht.setup(dhtPin, DHTesp::DHT22);     // init for dht type , ex dht11,dht21,dht22
    Serial.println("DHT initiated");

  // Start task to get temperature
    xTaskCreatePinnedToCore(
            tempTask,                       /* Function to implement the
task */

            "tempTask ",                    /* Name of the task */
            4000,                           /* Stack size in words */
            NULL,                            /* Task input parameter */
            5,                              /* Priority of the task */
            &tempTaskHandle,                /* Task handle. */
            1);                             /* Core where the task should
run */

  if (tempTaskHandle == NULL) {
    Serial.println("Failed to start task for temperature update");
    return false;
  } else {
    // Start update of environment data every 20 seconds
    tempTicker.attach(20, triggerGetTemp);
  }
  return true;
```

```
}

/**
 * triggerGetTemp
 * Sets flag dhtUpdated to true for handling in loop()
 * called by Ticker getTempTimer
 */
void triggerGetTemp() {
  if (tempTaskHandle != NULL) {
        xTaskResumeFromISR(tempTaskHandle);
  }
}

/**
 * Task to reads temperature from DHT11 sensor
 * @param pvParameters
 *     pointer to task parameters
 */
void tempTask(void *pvParameters) {
    Serial.println("tempTask loop started");
    while (1) // tempTask loop
  {
    if (tasksEnabled) {
      // Get temperature values
            getTemperature();
        }
    // Got sleep again
        vTaskSuspend(NULL);
    }
}

/**
 * getTemperature
 * Reads temperature from DHT11 sensor
 * @return bool
 *     true if temperature could be aquired
 *     false if aquisition failed
 */
bool getTemperature() {
```

```
    // Reading temperature for humidity takes about 250 milliseconds!
    // Sensor readings may also be up to 2 seconds 'old' (it's a very slow sensor)
  TempAndHumidity newValues = dht.getTempAndHumidity();
    // Check if any reads failed and exit early (to try again).
  if (dht.getStatus() != 0) {
        Serial.println("DHT11 error status: " + String(dht.getStatusString()));
        return false;
  }


    float heatIndex = dht.computeHeatIndex(newValues.temperature,
newValues.humidity);
  float dewPoint = dht.computeDewPoint(newValues.temperature,
newValues.humidity);
  float cr = dht.getComfortRatio(cf, newValues.temperature, newValues.humidity);

  String comfortStatus;
  switch(cf) {
    case Comfort_OK:
      comfortStatus = "Comfort_OK";
      break;
    case Comfort_TooHot:
      comfortStatus = "Comfort_TooHot";
      break;
    case Comfort_TooCold:
      comfortStatus = "Comfort_TooCold";
      break;
    case Comfort_TooDry:
      comfortStatus = "Comfort_TooDry";
      break;
    case Comfort_TooHumid:
      comfortStatus = "Comfort_TooHumid";
      break;
    case Comfort_HotAndHumid:
      comfortStatus = "Comfort_HotAndHumid";
      break;
    case Comfort_HotAndDry:
      comfortStatus = "Comfort_HotAndDry";
      break;
    case Comfort_ColdAndHumid:
```

```
          comfortStatus = "Comfort_ColdAndHumid";
          break;
     case Comfort_ColdAndDry:
          comfortStatus = "Comfort_ColdAndDry";
          break;
     default:
          comfortStatus = "Unknown:";
          break;
  };
  ttt = newValues.temperature   ;      // store temperature value into ttt variable
  hhh = newValues.humidity   ;     // store humidity value into hhh variable
 // Serial.println(" T:" + String(newValues.temperature) + " H:" +
String(newValues.humidity) + " I:" + String(heatIndex) + " D:" + String(dewPoint) + " "
+ comfortStatus);
        ShowData() ;
      return true;
}




String GetMacAddress() {
  // the MAC address of your WiFi shield
  String Tmp = "" ;
  byte mac[6];

  // print your MAC address:
  WiFi.macAddress(mac);
  for (int i=0; i<6; i++)
     {
          Tmp.concat(print2HEX(mac[i])) ;
     }
     Tmp.toUpperCase() ;
  return Tmp ;
}
```

```
String   print2HEX(int number) {
  String ttt ;
  if (number >= 0 && number < 16)
  {
    ttt = String("0") + String(number,HEX);
  }
  else
  {
      ttt = String(number,HEX);
  }
  return ttt ;
}



void initAll()
{
    Serial.begin(9600);
  Serial.println("System Start") ;
  lcd.init();                             // initialize the lcd
  // Print a message to the LCD.
  lcd.backlight();
  lcd.setCursor(0,0);
  Serial.println("LCD 2004 Init Finished") ;
 // initialize the lcd


  // check for the presence of the shield:

  MacData = GetMacAddress() ;
    ShowLCDR1("System Start") ;
}




void ShowInternet()
{
```

```
    Serial.print("MAC:") ;
    Serial.print(MacData) ;
    Serial.print("\n") ;
    ShowMAC() ;
}

void ShowLCDR1(String gg)
{
  lcd.setCursor(0,0);
  lcd.print("                    ");
  lcd.setCursor(0,0);
  lcd.print(gg);
}

void ShowMAC()
{
  lcd.setCursor(0,0);
  lcd.print("MAC:");
  lcd.print(MacData);


}




void Show1(String ss)
{
  lcd.setCursor(0,2);
  lcd.print("                  ");
  lcd.setCursor(0,2);
  lcd.print(ss);
}

void Show2(String ss)
{
  lcd.setCursor(0,3);
  lcd.print("                  ");
  lcd.setCursor(0,3);
  lcd.print(ss);
```

```
}

String SPACE(int sp)
{
    String tmp = "" ;
    for (int i = 0 ; i < sp; i++)
      {
            tmp.concat(' ')   ;
      }
    return tmp ;
}


String strzero(long num, int len, int base)
{
  String retstring = String("");
  int ln = 1 ;
    int i = 0 ;
    char tmp[10] ;
    long tmpnum = num ;
    int tmpchr = 0 ;
    char hexcode[]={'0','1','2','3','4','5','6','7','8','9','A','B','C','D','E','F'} ;
    while (ln <= len)
    {
          tmpchr = (int)(tmpnum % base) ;
          tmp[ln-1] = hexcode[tmpchr] ;
          ln++ ;
           tmpnum = (long)(tmpnum/base) ;


    }
    for (i = len-1; i >= 0 ; i --)
      {
            retstring.concat(tmp[i]);
      }

  return retstring;
}
```

```
unsigned long unstrzero(String hexstr, int base)
{
  String chkstring   ;
  int len = hexstr.length() ;

    unsigned int i = 0 ;
    unsigned int tmp = 0 ;
    unsigned int tmp1 = 0 ;
    unsigned long tmpnum = 0 ;
    String hexcode = String("0123456789ABCDEF") ;
    for (i = 0 ; i < (len ) ; i++)
    {
//      chkstring= hexstr.substring(i,i) ;
      hexstr.toUpperCase() ;
            tmp = hexstr.charAt(i) ;    // give i th char and return this char
            tmp1 = hexcode.indexOf(tmp) ;
        tmpnum = tmpnum + tmp1 * POW(base,(len -i -1) )   ;



    }
  return tmpnum;
}

long POW(long num, int expo)
{
  long tmp =1 ;
  if (expo > 0)
  {
        for(int i = 0 ; i< expo ; i++)
           tmp = tmp * num ;
           return tmp ;
  }
  else
  {
   return tmp ;
  }
}
```

```
void ShowData()
{

  lcd.setCursor(0,2);
  lcd.print("                    ");
  lcd.setCursor(0,2);
  lcd.print("Temp:");
  lcd.print(ttt);
  lcd.setCursor(0,3);
  lcd.print("                    ");
  lcd.setCursor(0,3);
  lcd.print("Humid:");
  lcd.print(hhh);
  //lcd.setCursor(0,3);

  Serial.print("Temperature:");
  Serial.println(ttt);
   Serial.print("Humidity:");
  Serial.println(hhh);
}
//----------------

//-------------------
void setup()
{
     //Initialize serial and wait for port to open:
    initAll() ;



  Show2("init System,Pls Wait") ;
  initTemp();
  // Signal end of setup() to tasks
  tasksEnabled = true;
    Show2("        ") ;
}

void loop()
{
```

```
    if (!tasksEnabled)
    {
       // Wait 2 seconds to let system settle down
       delay(2000);
       // Enable task that will read values from the DHT sensor
       tasksEnabled = true;
       if (tempTaskHandle != NULL)
       {
          vTaskResume(tempTaskHandle);
       }
    }
    yield();

    delay(5000) ;
}
```

程式下載：https://github.com/brucetsao/ESP_IOT_Programming

如下圖所示，我們可以看到透過 LCD2004 顯示溫溼度。

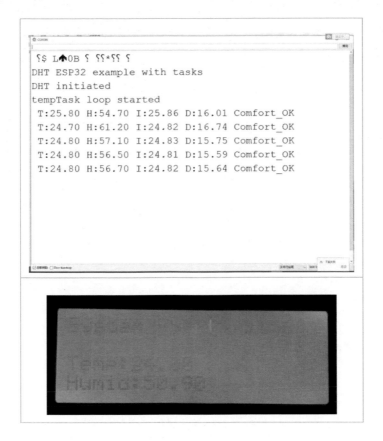

圖 160LCD2004 顯示溫溼度

溫溼度值網頁測試

上傳溫溼度資料到網頁資料庫

我們已經使用 DHT22 溫溼度模組，來取得溫溼度的資料，再來我們可以將取得的溫溼度上傳到我們開發的 Apache 網頁伺服器，透過原有的 php 程式，將資料送到 mySQL 資料庫。

我我們遵照前幾章所述，將 ESP 32 開發板的驅動程式安裝好之後，我們打開 ESP 32 開發板的開發工具：Sketch IDE 整合開發軟體(安裝 Arduino 開發環境，請參考『ESP32 程式設計(基礎篇):ESP32 IOT Programming (Basic Concept & Tricks)』之
『Arduino 開發 IDE 安裝』(曹永忠, 2020a, 2020b)，安裝 ESP 32 開發板 SDK 請參考
『ESP32 程式設計(基礎篇):ESP32 IOT Programming (Basic Concept & Tricks)』之『安
裝 ESP32 Arduino 整合開發環境』(曹永忠, 2020a, 2020b))，，攢寫一段程式，如下
表所示之監控顯示溫溼度程式一，我們就可以讀取溫溼度資料。

表 15 上傳溫溼度資料到網頁資料庫程式一

上傳溫溼度資料到網頁資料庫程式一(NCNU_dhtData_to-mysql_ESP32)

```
#include "WiFi.h"
#include <WiFiMulti.h>

WiFiMulti wifiMulti;
#include <String.h>

#include <Wire.h>
#include <LiquidCrystal_I2C.h>
LiquidCrystal_I2C lcd(0x27,20,4);    // set the LCD address to 0x27 for a 16 chars and 2 line
display

#include "DHTesp.h"
#include "Ticker.h"

#ifndef ESP32
#pragma message(THIS EXAMPLE IS FOR ESP32 ONLY!)
#error Select ESP32 board.
#endif

/***********************************************************/
/* Example how to read DHT sensors from an ESP32 using multi- */
/* tasking.                                                */
/* This example depends on the ESP32Ticker library to wake up */
/* the task every 20 seconds                               */
/* Please install Ticker-esp32 library first               */
/* bertmelis/Ticker-esp32                                  */
```

```
/* https://github.com/bertmelis/Ticker-esp32                      */
/************************************************************/
///////please enter your sensitive data in the Secret tab/arduino_secrets.h
int keyIndex = 0;                    // your network key Index number (needed only for WEP)

  IPAddress ip ;
  long rssi ;

int status = WL_IDLE_STATUS;
char iotserver[] = "163.22.24.51";     //   THIS IP IS NCNU WEBSERVER FOR DB
AGENT
int iotport = 9999 ;      // THIS WEB USE PORT 9999
// Initialize the Ethernet client library
// with the IP address and port of the server
// that you want to connect to (port 80 is default for HTTP):
String strGet="GET /dhtdata/dhtadd.php";      // THIS IS my DB Agent prpgram
String strHttp=" HTTP/1.1";    // http header
String strHost="Host: 163.22.24.51";   //http header
  String connectstr ;      // for connecttion string
String MacData ;     // store mac address
WiFiClient client;       // wifi connect object
double hhh,ttt ;      // get temperature and huimidity variable
DHTesp dht;     // gen object for dht11

void tempTask(void *pvParameters);
bool getTemperature();
void triggerGetTemp();

/** Task handle for the light value read task */
TaskHandle_t tempTaskHandle = NULL;
/** Ticker for temperature reading */
Ticker tempTicker;
/** Comfort profile */
ComfortState cf;
/** Flag if task should run */
bool tasksEnabled = false;
/** Pin number for DHT11 data pin */
int dhtPin = 4;     // real GPIO Pin for DHT11 Dataout pin
```

```
/**
 * initTemp
 * Setup DHT library
 * Setup task and timer for repeated measurement
 * @return bool
 *      true if task and timer are started
 *      false if task or timer couldn't be started
 */
bool initTemp() {
  byte resultValue = 0;
  // Initialize temperature sensor
    dht.setup(dhtPin, DHTesp::DHT11);     // init for dht type , ex dht11,dht21,dht22
    Serial.println("DHT initiated");

  // Start task to get temperature
    xTaskCreatePinnedToCore(
            tempTask,                           /* Function to implement the task */
            "tempTask ",                        /* Name of the task */
            4000,                               /* Stack size in words */
            NULL,                               /* Task input parameter */
            5,                                  /* Priority of the task */
            &tempTaskHandle,                    /* Task handle. */
            1);                                 /* Core where the task should run */

  if (tempTaskHandle == NULL) {
    Serial.println("Failed to start task for temperature update");
    return false;
  } else {
    // Start update of environment data every 20 seconds
    tempTicker.attach(20, triggerGetTemp);
  }
  return true;
}

/**
 * triggerGetTemp
 * Sets flag dhtUpdated to true for handling in loop()
 * called by Ticker getTempTimer
 */
```

```
void triggerGetTemp() {
  if (tempTaskHandle != NULL) {
        xTaskResumeFromISR(tempTaskHandle);
  }
}

/**
 * Task to reads temperature from DHT11 sensor
 * @param pvParameters
 *       pointer to task parameters
 */
void tempTask(void *pvParameters) {
    Serial.println("tempTask loop started");
    while (1) // tempTask loop
  {
    if (tasksEnabled) {
      // Get temperature values
            getTemperature();
        }
    // Got sleep again
        vTaskSuspend(NULL);
    }
}

/**
 * getTemperature
 * Reads temperature from DHT11 sensor
 * @return bool
 *       true if temperature could be aquired
 *       false if aquisition failed
 */
bool getTemperature() {
    // Reading temperature for humidity takes about 250 milliseconds!
    // Sensor readings may also be up to 2 seconds 'old' (it's a very slow sensor)
  TempAndHumidity newValues = dht.getTempAndHumidity();
    // Check if any reads failed and exit early (to try again).
    if (dht.getStatus() != 0) {
        Serial.println("DHT11 error status: " + String(dht.getStatusString()));
        return false;
```

```
    }
        float heatIndex = dht.computeHeatIndex(newValues.temperature, newValues.humidity);
    float dewPoint = dht.computeDewPoint(newValues.temperature, newValues.humidity);
    float cr = dht.getComfortRatio(cf, newValues.temperature, newValues.humidity);

    String comfortStatus;
    switch(cf) {
        case Comfort_OK:
            comfortStatus = "Comfort_OK";
            break;
        case Comfort_TooHot:
            comfortStatus = "Comfort_TooHot";
            break;
        case Comfort_TooCold:
            comfortStatus = "Comfort_TooCold";
            break;
        case Comfort_TooDry:
            comfortStatus = "Comfort_TooDry";
            break;
        case Comfort_TooHumid:
            comfortStatus = "Comfort_TooHumid";
            break;
        case Comfort_HotAndHumid:
            comfortStatus = "Comfort_HotAndHumid";
            break;
        case Comfort_HotAndDry:
            comfortStatus = "Comfort_HotAndDry";
            break;
        case Comfort_ColdAndHumid:
            comfortStatus = "Comfort_ColdAndHumid";
            break;
        case Comfort_ColdAndDry:
            comfortStatus = "Comfort_ColdAndDry";
            break;
        default:
            comfortStatus = "Unknown:";
            break;
    };
```

```
    ttt = newValues.temperature   ;      // store temperature value into ttt variable
    hhh = newValues.humidity   ;     // store humidity value into hhh variable
  // Serial.println(" T:" + String(newValues.temperature) + " H:" +
String(newValues.humidity) + " I:" + String(heatIndex) + " D:" + String(dewPoint) + " " +
comfortStatus);
        ShowData() ;
      SendtoNAS() ;
      return true;
}



void printWiFiStatus() {
   // print the SSID of the network you're attached to:
   Serial.print("SSID: ");
   Serial.println(WiFi.SSID());

   // print your WiFi shield's IP address:
   ip = WiFi.localIP();
   Serial.print("IP Address: ");
   Serial.println(ip);

   // print the received signal strength:
   rssi = WiFi.RSSI();
   Serial.print("signal strength (RSSI):");
   Serial.print(rssi);
   Serial.println(" dBm");
}

String GetMacAddress() {
   // the MAC address of your WiFi shield
   String Tmp = "" ;
   byte mac[6];

   // print your MAC address:
   WiFi.macAddress(mac);
   for (int i=0; i<6; i++)
      {
          Tmp.concat(print2HEX(mac[i])) ;
```

```
    }
    Tmp.toUpperCase() ;
  return Tmp ;
}



String   print2HEX(int number) {
  String ttt ;
  if (number >= 0 && number < 16)
  {
    ttt = String("0") + String(number,HEX);
  }
  else
  {
      ttt = String(number,HEX);
  }
  return ttt ;
}



void initAll()
{
    Serial.begin(9600);
  Serial.println("System Start") ;
  lcd.init();                              // initialize the lcd
  // Print a message to the LCD.
  lcd.backlight();
  lcd.setCursor(0,0);

 // initialize the lcd


  // check for the presence of the shield:
  if (WiFi.status() == WL_NO_SHIELD) {
    Serial.println("WiFi shield not present");
    // don't continue:
  }
```

```cpp
    wifiMulti.addAP("Brucetsao", "12345678");
    wifiMulti.addAP("IOT", "0123456789");
    Serial.println("Connecting Wifi...");
    if(wifiMulti.run() == WL_CONNECTED) {
        Serial.println("");
        Serial.println("WiFi connected");
        Serial.println("IP address: ");
        Serial.println(WiFi.localIP());
    }
  printWiFiStatus();
  MacData = GetMacAddress() ;
  ShowInternet() ;
}




void ShowInternet()
{
    Serial.print("MAC:") ;
    Serial.print(MacData) ;
    Serial.print("\n") ;
    ShowMAC() ;
    ShowIP()   ;
}

void ShowLCDR1(String gg)
{
  lcd.setCursor(0,0);
  lcd.print("                   ");
  lcd.setCursor(0,0);
  lcd.print(gg);
}

void ShowMAC()
{
  lcd.setCursor(0,0);
  lcd.print("MAC:");
```

```
  lcd.print(MacData);

}
void ShowIP()
{
  lcd.setCursor(0,1);
  lcd.print("IP:");
  lcd.print(ip);


}



void Show1(String ss)
{
  lcd.setCursor(0,2);
  lcd.print("                    ");
  lcd.setCursor(0,2);
  lcd.print(ss);
}

void Show2(String ss)
{
  lcd.setCursor(0,3);
  lcd.print("                    ");
  lcd.setCursor(0,3);
  lcd.print(ss);
}

String SPACE(int sp)
{
    String tmp = "" ;
    for (int i = 0 ; i < sp; i++)
      {
            tmp.concat(' ')   ;
      }
    return tmp ;
}
```

```
String strzero(long num, int len, int base)
{
    String retstring = String("");
    int ln = 1 ;
        int i = 0 ;
        char tmp[10] ;
        long tmpnum = num ;
        int tmpchr = 0 ;
        char hexcode[]={'0','1','2','3','4','5','6','7','8','9','A','B','C','D','E','F'} ;
        while (ln <= len)
        {
                tmpchr = (int)(tmpnum % base) ;
                tmp[ln-1] = hexcode[tmpchr] ;
                ln++ ;
                 tmpnum = (long)(tmpnum/base) ;


        }
        for (i = len-1; i >= 0 ; i --)
          {
                retstring.concat(tmp[i]);
          }

    return retstring;
}

unsigned long unstrzero(String hexstr, int base)
{
    String chkstring   ;
    int len = hexstr.length() ;

        unsigned int i = 0 ;
        unsigned int tmp = 0 ;
        unsigned int tmp1 = 0 ;
        unsigned long tmpnum = 0 ;
        String hexcode = String("0123456789ABCDEF") ;
        for (i = 0 ; i < (len ) ; i++)
        {
```

```
//        chkstring= hexstr.substring(i,i) ;
        hexstr.toUpperCase() ;
              tmp = hexstr.charAt(i) ;      // give i th char and return this char
              tmp1 = hexcode.indexOf(tmp) ;
        tmpnum = tmpnum + tmp1* POW(base,(len -i -1) )   ;



    }
  return tmpnum;
}

long POW(long num, int expo)
{
  long tmp =1 ;
  if (expo > 0)
  {
        for(int i = 0 ; i< expo ; i++)
            tmp = tmp * num ;
            return tmp ;
  }
  else
  {
    return tmp ;
  }
}

void SendtoNAS()
{

//http://iot.nhri.org.tw/headtemp/headtempadd.php?mac=aabbccddeeff&usrid=0123456789&t
emperature=33.65
        //INSERT INTO headtemptbl (mac, userid,datatime,dateorder,headtemp)
VALUES ('aabbccddeeff','0123456789','2019/08/14 21:37:48','20190814213748',33.65)

//              connectstr =
"?MAC="+MacData+"&usrid="+String(CarNumber)+"&temperature="+String(headtemp);
        connectstr = "?MAC="+MacData+"&T="+String(ttt)+"&H="+String(hhh);
        Serial.println(connectstr) ;
        if (client.connect(iotserver, iotport)) {
```

```
                    Serial.println("Make a HTTP request ... ");
                    //### Send to Server
                    String strHttpGet = strGet + connectstr + strHttp;
                    Serial.println(strHttpGet);

                    client.println(strHttpGet);
                    client.println(strHost);
                    client.println();
               }

       if (client.connected())
       {
          client.stop();    // DISCONNECT FROM THE SERVER
       }


}

void ShowData()
{

   lcd.setCursor(0,2);
   lcd.print("                    ");
   lcd.setCursor(0,2);
   lcd.print("Temp:");
   lcd.print(ttt);
   lcd.setCursor(0,3);
   lcd.print("                    ");
   lcd.setCursor(0,3);
   lcd.print("Humid:");
   lcd.print(hhh);
   //lcd.setCursor(0,3);

   Serial.print("Temperature:");
   Serial.println(ttt);
    Serial.print("Humidity:");
   Serial.println(hhh);
}
//----------------
```

```
//-------------------
void setup()
{
    //Initialize serial and wait for port to open:
    initAll() ;



  Show2("init System,Pls Wait") ;
  initTemp();
  // Signal end of setup() to tasks
  tasksEnabled = true;
    Show2("          ") ;
}

void loop()
{
  if (!tasksEnabled)
  {
    // Wait 2 seconds to let system settle down
    delay(2000);
    // Enable task that will read values from the DHT sensor
    tasksEnabled = true;
    if (tempTaskHandle != NULL)
    {
       vTaskResume(tempTaskHandle);
    }
  }
  yield();

  delay(30000) ;
}
```

程式下載：<u>https://github.com/brucetsao/ESP_IOT_Programming</u>

　　如下圖所示，我們可以看到上傳溫溼度資料到網頁資料庫程式一結果畫
面。

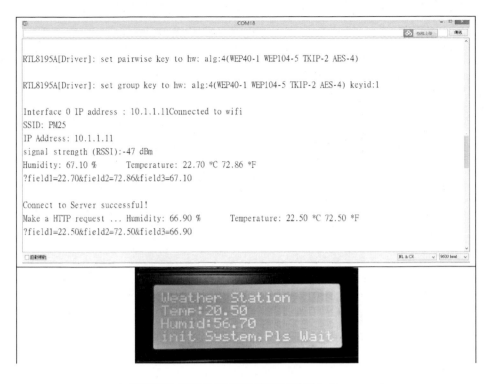

圖 161 上傳溫溼度資料到網頁資料庫程式一結果畫面(補圖)

如下圖所示,我們可以使用 Cheome 瀏覽器,使用 phpMyadmin,查詢 NCNUIOT

資料庫的 dht 資料表,我們可以看到溫溼度資料已上傳的結果畫面。

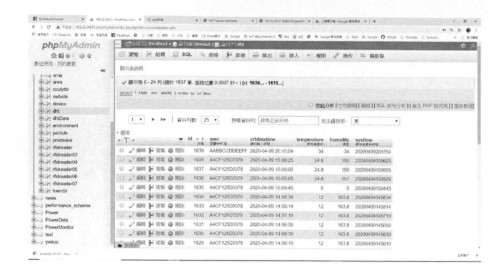

圖 162 溫溼度資料已上傳的結果畫面

接下來我們在下章節，會教導讀者，如下圖所示，如何視覺化我們的網站。

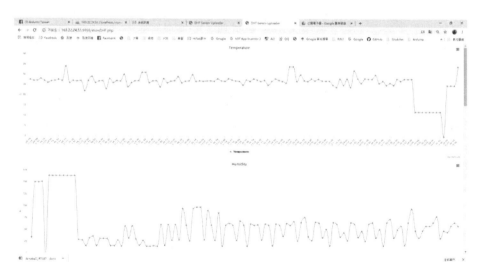

圖 163 視覺化我們的網站

章節小結

本章主要介紹 ESP 32 開發板，透過 Wifi Access Point 無線連線方式，連上網際網路，並在透過筆者在網際網路建立的網站：http://163.22.24.51:9999/showDHT.php，可以看到已經把 DHT22 溫溼度感測器，送到雲端平台，並可以看到資料已經上傳。

。

CHAPTER

視覺化雲端平台

本章主要介紹讀者如何使用 ESP 32 開發板來使用網路來建構網路伺服器，使用者連接到 ESP 32 開發板所建置的網頁伺服器，可以看到目前 ESP 32 開發板連接的感測器資料，並以視覺化的儀表板顯示之。

建立簡單的資料列示的網頁

接下來我們要使用 PHP 網頁技術，透過建立的網頁伺服器，建立網頁程式，將我們建立的溫溼度資料，將它顯示出來，並透過表格列示方式，將溫溼度的資料顯示出來。

開啟新檔案

如下圖所示，我們先行開啟新檔案。

圖 164 開啟新檔案

新增 PHP 網頁檔

如下圖所示，我們先行新增 PHP 網頁檔。

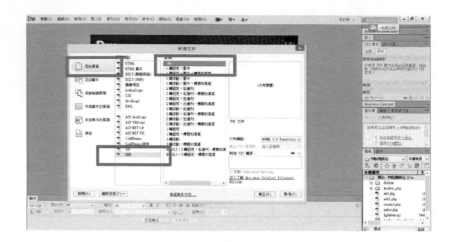

圖 165 新增 php 網頁

編輯新檔案

如下圖所示，我們開始編輯新檔案。

圖 166 空白的 php 網頁(設計端)

如下圖所示，我們先行將新檔案存檔為：dht11_list.php，並存在網站之：『dhtdata』目錄之下。

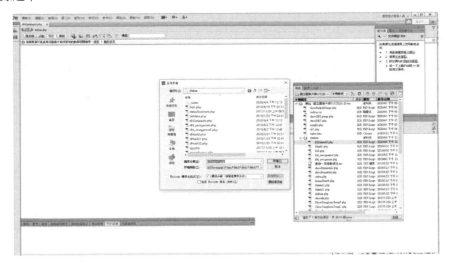

圖 167 將新檔案存檔為：dht11_list.php

顯示溫溼度資料之程式內容

如下圖所示，我們將 dht11_list.php 程式填入下列內容。

表 16 顯示溫溼度資料之程式

顯示溫溼度資料之程式(dht11_list.php)

```php
<?php

    include("../comlib.php");        //使用資料庫的呼叫程式
    include("../Connections/iotcnn.php");         //使用資料庫的呼叫程式
        //    Connection() ;
    $link=Connection();      //產生 mySQL 連線物件



    $qrystr="SELECT * FROM ncnuiot.dht order by mac,systime desc limit 0,120 " ;
    //將 dhtdata 的資料找出來
```

```
//     echo $qrystr."<br>" ;
//     int aa[] = {1,3,45,6,7} ;    ==    $aa = array(4,5,6,7,8,9);
//     int bb[] = {} ;    ==    $bb = array();
    $d00 = array();        // declare blank array of d00
    $d01 = array(); // declare blank array of d01
    $d02 = array(); // declare blank array of d02
    $d03 = array(); // declare blank array of d03

    $result=mysql_query($qrystr,$link);        //將 dhtdata 的資料找出來(只找最後 5
//     echo "step 02 . <br>" ;
  if($result!==FALSE){
    while($row = mysql_fetch_array($result))
    {
            array_push($d00, $row["systime"]);        // $row[欄位名稱] 就可以取出
該欄位資料
            array_push($d01, $row["temperature"]);  // array_push(某個陣列名稱,加
入的陣列的內容
            array_push($d02, $row["humidity"]);
            array_push($d03, $row["mac"]);
        }//  會跳下一列資料

  }

//     echo "step 03 . <br>" ;
    mysql_free_result($result);     // 關閉資料集
//     echo "step 04 . <br>" ;
    mysql_close($link);             // 關閉連線
//     echo "step 05 . <br>" ;




?>


<!DOCTYPE html PUBLIC "-//W3C//DTD XHTML 1.0 Frameset//EN"
"http://www.w3.org/TR/xhtml1/DTD/xhtml1-frameset.dtd">
<html xmlns="http://www.w3.org/1999/xhtml">
<head>
```

```
<meta http-equiv="Content-Type" content="text/html; charset=utf-8" />
<title>DHT    Data List</title>
<link href="webcss.css" rel="stylesheet" type="text/css" />

</head>
<body>
<?php
//include 'title.php';
?>
   <div align="center">
    <table border="1" align = center cellspacing="1" cellpadding="1">
         <tr>
              <td>MAC Address</td>
              <td>Date Time</td>
              <td>temperature</td>
              <td>humidity</td>
         </tr>

        <?php
            if(count($d00) >0)
            {
                    for($i=count($d00)-1;$i >=0    ;$i=$i-1)
                        {
                            echo
sprintf("<tr><td>%s</td><td>%s</td><td>%f</td><td>%f</td></tr>", $d03[$i],
                                trandatetime4($d00[$i]), $d01[$i], $d02[$i]);
                        }
            }
        ?>

    </table>

</div>

</form>
<?php
//include 'footer.php';
?>
```

```
</body>
</html>
```

程式下載：https://github.com/brucetsao/ESP_IOT_Programming

資料庫連線與取得資料

由於我們需要將連接到資料庫，所以我們需要連接 mySQL 資料庫，所以我們增加上面連線程式：

```
include("../comlib.php");          //使用資料庫的呼叫程式
include("../Connections/iotcnn.php");           //使用資料庫的呼叫程式
    //    Connection() ;
$link=Connection();        //產生 mySQL 連線物件
```

由於我們需要在伺服器端取得溫濕度表格(ncnu.dht)，所以我們需要透過 SQL 語法，將資料庫的溫濕度表格，查詢出來，所以筆者增加了$qrystr 來查詢資料

```
$qrystr="SELECT * FROM ncnuiot.dht order by mac,systime desc limit 0,120 " ;
//將 dht 的資料找出來
```

由於我們會將 SQL 查詢的資料，做不同的排序，所以我們產生$d00, $d01, $d02, $d03 的陣列變數，來存取每一欄的資料：

```
$d00 = array();        // declare blank array of d00
$d01 = array(); // declare blank array of d01
$d02 = array(); // declare blank array of d02
$d03 = array(); // declare blank array of d03
```

由於需要執行這段 SQL 查詢的內容，所以我們運用 mysql_query(SQL 查詢的內容,資料庫連線);查詢資料內容。

並將查詢資料內容，傳到$result 的變數來儲存內容與下一步查詢。

```
$result=mysql_query($qrystr,$link);        //將 dhtdata 的資料找出來(只找最後 5
```

接下來，我們將$result 的變數，透過 while 迴圈，將資料庫欄位的值，把每一欄分別儲存到$d00, $d01, $d02, $d03 的陣列變數：

```
if($result!==FALSE){
    while($row = mysql_fetch_array($result))
    {
            array_push($d00, $row["systime"]);        // $row[欄位名稱] 就可以取出
該欄位資料
            array_push($d01, $row["temperature"]);  // array_push(某個陣列名稱,加
入的陣列的內容
            array_push($d02, $row["humidity"]);
            array_push($d03, $row["mac"]);
        }// 會跳下一列資料

}
```

最後我們要關閉資料庫連線，避免網路資源與資料庫資源，一直被鎖住不放，程式如下：

```
    mysql_free_result($result);      // 關閉資料集

    mysql_close($link);              // 關閉連線
```

資料庫傳送到網頁(HTML 頁面組立)

由於我們需要建立 HTML 標準頁面，我們先把 HTML 表頭與 BODY 的標籤，先行建立，其內容如下：

```
<!DOCTYPE html PUBLIC "-//W3C//DTD XHTML 1.0 Frameset//EN"
"http://www.w3.org/TR/xhtml1/DTD/xhtml1-frameset.dtd">
<html xmlns="http://www.w3.org/1999/xhtml">
<head>
<meta http-equiv="Content-Type" content="text/html; charset=utf-8" />
<title>DHT    Data List</title>
```

```
<link href="webcss.css" rel="stylesheet" type="text/css" />

</head>
<body>
```

　　我們要用表格列示資資料，所以我們先用『<table border="1" align = center cellspacing="1" cellpadding="1">』的語法，產生表格。

　　接下來我們需要將表格居中對齊，所以我們先用『<div align="center">』的語法，居中對齊表格。

```
<div align="center">
 <table border="1" align = center cellspacing="1" cellpadding="1">
```

　　接下來產生表格中的表頭欄位。

```
    <tr>
        <td>MAC Address</td>
        <td>Date Time</td>
        <td>temperature</td>
        <td>humidity</td>
    </tr>
```

　　接下來先用『if(count($d00) >0)』判斷是否有資料可以顯示，有資料顯示後，我們再用『for($i=count($d00)-1;$i >=0 ;$i=$i-1)』的 for 迴圈，來將$d00, $d01, $d02, $d03 的陣列變數，產生在表格中，每一欄的資料：

```
    <?php
        if(count($d00) >0)
        {
            for($i=count($d00)-1;$i >=0   ;$i=$i-1)
                {
                    echo
sprintf("<tr><td>%s</td><td>%s</td><td>%f</td><td>%f</td></tr>", $d03[$i],
                        trandatetime4($d00[$i]), $d01[$i], $d02[$i]);
                }
        }
```

```
    ?>
```

最後我們用『</table>』結束表格列印，最後我們再用『</div>』結束表格對齊：

```
    </table>
</div>
```

接下來，我們用『</body>』結束網頁主體內容，最後我們再用『</html>』結束網頁內容：

```
</body>
</html>
```

使用瀏覽器進行 dht11_list.php 程式測試

最後我們將 dht11_list.php 送上網站，透過瀏覽器，輸入 http://163.22.24.51:9999/dhtdata/dht11_list.php

如下圖所示，我們可看到 dht11_list.php 程式，成功列示顯示上傳資料的畫面。

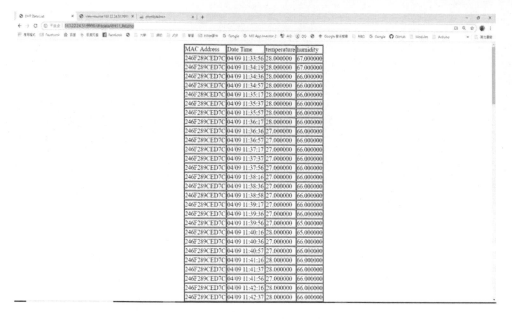

圖 168 成功列示顯示上傳資料的畫面

Hight Chart 數位儀表板

    我們適用 Hight Chart 的網頁圖表元件，其網址為：https://www.highcharts.com/ ，
可以在網址：https://www.highcharts.com/demo，看到下圖所示之展現的圖表

圖 169 Hight Chart Demo

如上圖所示，由於 Hight Chart 可以使用的圖表非常多，筆者會在另訂專書介紹之，不會在此詳述。

我們先到網站：https://www.highcharts.com/blog/products/highcharts/，先到下載網址：https://www.highcharts.com/blog/download/，再到網址：

https://code.highcharts.com/zips/Highcharts-7.1.1.zip?_ga=2.212724116.1020737556.155818

2855-1925922512.1553674434，進行下載，再將下載的壓縮檔，解開之後安裝之，需要了解的部分。可以參考網址：https://www.highcharts.com/docs/，進階 API 部分，也可以參考網址：

https://api.highcharts.com/highcharts/?_ga=2.179678756.1020737556.1558182855-19259225

12.1553674434。

顯示多筆溫溼度曲線

開啟新檔案

如下圖所示，我們先行開啟新檔案。

圖 170 開啟新檔案

新增 PHP 網頁檔

如下圖所示，我們先行新增 PHP 網頁檔。

圖 171 新增 php 網頁

編輯新檔案

如下圖所示，我們開始編輯新檔案。

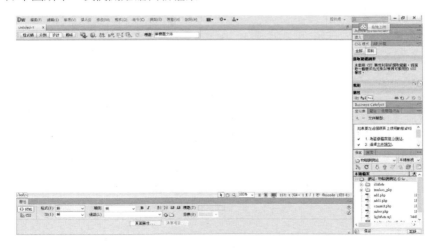

圖 172 空白的 php 網頁(設計端)

如下圖所示，我們先行將新檔案存檔為：ShowDHT_Chart.php，並存在網站之：『dhtdata』目錄之下。

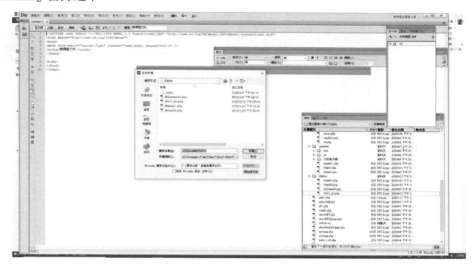

圖 173 將新檔案存檔為：ShowDHT_Chart.php

顯示溫溼度資料之程式內容

如下圖所示，我們將 ShowDHT_Chart.php 程式填入下列內容。

表 17 顯示溫溼度資料之程式

顯示溫溼度資料之程式(ShowDHT_Chart.php)

``php
<?php
 	
    include("../comlib.php");   //使用資料庫的呼叫程式
    include("../Connections/iotcnn.php");   //使用資料庫的呼叫程式
       //   Connection() ;
    $link=Connection();   //產生 mySQL 連線物件
``

```php
    $qrystr="SELECT mac , count(mac) as tt FROM   ncnuiot.dht WHERE 1 group by
mac order by mac   " ;           //將 dhtdata 的資料找出來

    $d00 = array();       // declare blank array of d00
    $d01 = array();       // declare blank array of d00

    $result=mysql_query($qrystr,$link);        //將 dhtdata 的資料找出來(只找最後 5

if($result!==FALSE){
    while($row = mysql_fetch_array($result))
    {
            array_push($d00, $row["mac"]);
            array_push($d01, $row["tt"]);
        }// 會跳下一列資料

}


    mysql_free_result($result);     // 關閉資料集

    mysql_close($link);             // 關閉連線




?>


<!DOCTYPE html PUBLIC "-//W3C//DTD XHTML 1.0 Frameset//EN"
"http://www.w3.org/TR/xhtml1/DTD/xhtml1-frameset.dtd">
<html xmlns="http://www.w3.org/1999/xhtml">
<head>
<meta http-equiv="Content-Type" content="text/html; charset=utf-8" />
<title> Query DHT   Data by MAC</title>
<link href="webcss.css" rel="stylesheet" type="text/css" />

</head>
```

```
<body>
<?php
//include 'title.php';
?>
  <div align="center">
   <table border="1" align = center cellspacing="1" cellpadding="1">
       <tr>
            <td>MAC Address</td>
            <td>Record Counts</td>
            <td>Display Detail</td>
       </tr>

     <?php
        if(count($d00) >0)
        {
               for($i=count($d00)-1;$i >=0    ;$i=$i-1)
                  {
                        echo sprintf("<tr><td>%s</td><td>%d</td><td><a
href='ShowDHT_Chartlist.php?mac=%s'>顯示曲線圖</a></td></tr>", $d00[$i],$d01[$i],
                        $d00[$i]);
                  }
        }
     ?>

   </table>

</div>

</form>
<?php
//include 'footer.php';
?>

</body>
</html>
```

程式下載：https://github.com/brucetsao/ESP_IOT_Programming

資料庫連線與取得資料

由於我們需要將連接到資料庫，所以我們需要連接 mySQL 資料庫，所以我們增加上面連線程式：

```
include("../comlib.php");        //使用資料庫的呼叫程式
include("../Connections/iotcnn.php");         //使用資料庫的呼叫程式
   //   Connection() ;
$link=Connection();        //產生 mySQL 連線物件
```

由於我們需要在伺服器端取得溫濕度表格(ncnu.dht)，所以我們需要透過 SQL 語法，將資料庫的溫濕度表格，查詢出來，所以筆者增加了$qrystr 來查詢資料

```
$qrystr="SELECT mac , count(mac) as tt FROM    ncnuiot.dht WHERE 1 group by
mac order by mac    " ;          //將 dhtdata 的資料找出來
```

由於我們會將 SQL 查詢的資料，做不同的排序，所以我們產生$d00, $d01 陣列變數，來存取每一欄的資料：

```
$d00 = array();        // declare blank array of d00
$d01 = array();        // declare blank array of d00
```

由於需要執行這段 SQL 查詢的內容，所以我們運用 mysql_query(SQL 查詢的內容,資料庫連線);查詢資料內容。

並將查詢資料內容，傳到$result 的變數來儲存內容與下一步查詢。

```
$result=mysql_query($qrystr,$link);         //將 dhtdata 的資料找出來(只找最後 5
```

接下來，我們將$result 的變數，透過 while 迴圈，將資料庫欄位的值，把每一欄分別儲存到$d00, $d01 的陣列變數：

```
if($result!==FALSE){
    while($row = mysql_fetch_array($result))
    {
            array_push($d00, $row["mac"]);
            array_push($d01, $row["tt"]);
```

```
        }// 會跳下一列資料


    }



    mysql_free_result($result);    // 關閉資料集


    mysql_close($link);            // 關閉連線
```

最後我們要關閉資料庫連線，避免網路資源與資料庫資源，一直被鎖住不放，
程式如下：

```
    mysql_free_result($result);    // 關閉資料集


    mysql_close($link);            // 關閉連線
```

資料庫傳送到網頁(HTML 頁面組立)

由於我們需要建立 HTML 標準頁面，我們先把 HTML 表頭與 BODY 的標籤，
先行建立，其內容如下：

```
<!DOCTYPE html PUBLIC "-//W3C//DTD XHTML 1.0 Frameset//EN"
"http://www.w3.org/TR/xhtml1/DTD/xhtml1-frameset.dtd">
<html xmlns="http://www.w3.org/1999/xhtml">
<head>
<meta http-equiv="Content-Type" content="text/html; charset=utf-8" />
<title> Quert DHT    Data by MAC</title>
<link href="webcss.css" rel="stylesheet" type="text/css" />

</head>
<body>
```

我們要用表格列示資資料，所以我們先用『<table border="1" align = center
cellspacing="1" cellpadding="1">』的語法，產生表格。

接下來我們需要將表格居中對齊，所以我們先用『<div align="center">』的語法，

居中對齊表格。

```
<div align="center">
 <table border="1" align = center cellspacing="1" cellpadding="1">
```

接下來產生表格中的表頭欄位。

```
    <tr>
        <td>MAC Address</td>
        <td>Record Counts</td>
        <td>Display Detail</td>
    </tr>
```

接下來先用『if(count($d00) >0)』判斷是否有資料可以顯示，有資料顯示後，
我們再用『for($i=count($d00)-1;$i >=0   ;$i=$i-1)』的 for 迴圈，來將$d00, $d01 的陣
列變數，產生在表格中，每一欄的資料：

```php
    <?php
        if(count($d00) >0)
        {
            for($i=count($d00)-1;$i >=0   ;$i=$i-1)
                {
                    echo
sprintf("<tr><td>%s</td><td>%s</td><td>%f</td><td>%f</td></tr>", $d03[$i],
                        trandatetime4($d00[$i]), $d01[$i], $d02[$i]);
                }
        }
    ?>
```

最後我們用『</table>』結束表格列印，最後我們再用『</div>』結束表格對齊：

```
    </table>

</div>
```

接下來，我們用『</body>』結束網頁主體內容，最後我們再用『</html>』結束網頁內容：

```
</body>
</html>
```

使用瀏覽器進行 ShowDHT_Chart.php 程式測試

最後我們將 ShowDHT_Chart.php 送上網站，透過瀏覽器，輸入 http://163.22.24.51:9999/dhtdata/ShowDHT_Chart.php

如下圖所示，我們可看到 ShowDHT_Chart.php 程式，成功列示顯示上傳資料的畫面。

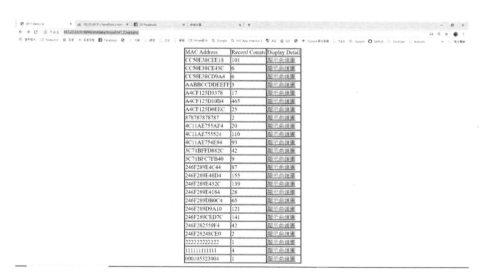

圖 174 成功顯示所有裝置的 MAC 畫面

如下圖所示，我們可看到找不到溫溼度曲線圖形程式，出現網頁找不到的畫面。

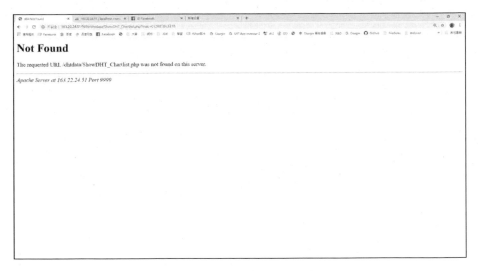

圖 175 找不到溫溼度曲線圖形程式

顯示單筆溫溼度曲線

因為我們的溫溼度資料，並非由同一個裝置產生，是由許多不同的溫溼度裝置產生的資料，由於這些每一個溫溼度裝置所處的位置不同，所以合併資料顯示是一件沒有意義的事情，所以我們必須單一顯示溫溼度裝置的溫溼度曲線，但是由於每一個溫溼度裝置，都是有一個 ESP32S 的單晶片產生的，由於每一個具有 WIFI 網路連線的 ESP32S 的單晶片，都具有唯一的 MAC Address 網路卡編號，所以我們先用每一個 ESP32S 的單晶片的 MAC Address 網路卡編號，來當作查詢溼度裝置的查詢鍵，我們在上面，已經建立『http://163.22.24.51:9999/dhtdata/ShowDHT_Chartlist.php?mac=CC50E38CEE18』的單一查詢程式：ShowDHT_Chartlist.php，並透過 GET 方式傳入『?mac=CC50E38CEE18』，而『CC50E38CEE18』就是其中一個網路卡編號。

所以接下來我們就是要建立『ShowDHT_Chartlist.php』的網頁程式。

開啟新檔案

如下圖所示，我們先行開啟新檔案。

圖 176 開啟新檔案

新增 PHP 網頁檔

如下圖所示，我們先行新增 PHP 網頁檔。

圖 177 新增 php 網頁

編輯新檔案

如下圖所示,我們開始編輯新檔案。

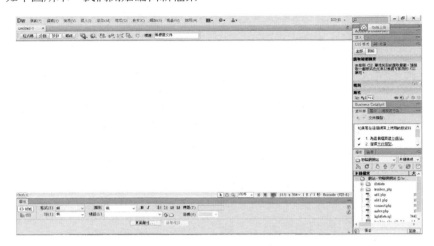

圖 178 空白的 php 網頁(設計端)

如下圖所示,我們先行將新檔案存檔為:ShowDHT_Chartlist.php,並存在網站之:『dhtdata』目錄之下。

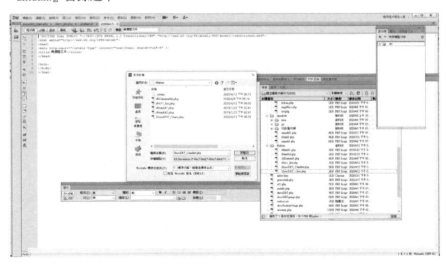

圖 179 將新檔案存檔為:ShowDHT_Chartlist.php

顯示某裝置之溫溼度資料曲線之程式內容

如下圖所示，我們將 ShowDHT_Chartlist.php 程式填入下列內容。

表 18 顯示某裝置之溫溼度資料曲線之程式

顯示某裝置之溫溼度資料曲線之程式(ShowDHT_Chartlist.php)

```php
<?php

    include("../comlib.php");        //使用資料庫的呼叫程式
    include("../Connections/iotcnn.php");            //使用資料庫的呼叫程式
        //    Connection() ;
    $link=Connection();        //產生 mySQL 連線物件

    $mid=$_GET["mac"];            //取得 POST 參數 : mac address

    $qrystr=sprintf("SELECT * FROM ncnuiot.dht where mac = '%s' order by systime
desc limit 0,120 ",$mid) ;        //將 dhtdata 的資料找出來
    //echo $qrystr."<br>" ;
//    int aa[] = {1,3,45,6,7} ;    ==    $aa = array(4,5,6,7,8,9);
//    int bb[] = {} ;    ==    $bb = array();
    $d00 = array();        // declare blank array of d00
    $d01 = array(); // declare blank array of d01
    $d02 = array(); // declare blank array of d02
    $d03 = array(); // declare blank array of d03

    $result=mysql_query($qrystr,$link);        //將 dhtdata 的資料找出來(只找最後 5
//    echo "step 02 . <br>" ;
  if($result!==FALSE){
    while($row = mysql_fetch_array($result))
    {
            array_push($d00, $row["systime"]);        // $row[欄位名稱] 就可以取出
該欄位資料
            array_push($d01, $row["temperature"]); // array_push(某個陣列名稱,加
入的陣列的內容
            array_push($d02, $row["humidity"]);
```

~ 194 ~

```php
                array_push($d03, $row["mac"]);
            }// 會跳下一列資料


    }

//    echo "step 03 . <br>" ;
        mysql_free_result($result);    // 關閉資料集
//    echo "step 04 . <br>" ;
        mysql_close($link);            // 關閉連線
//    echo "step 05 . <br>" ;




?>


<!DOCTYPE html PUBLIC "-//W3C//DTD XHTML 1.0 Frameset//EN"
"http://www.w3.org/TR/xhtml1/DTD/xhtml1-frameset.dtd">
<html xmlns="http://www.w3.org/1999/xhtml">
<head>
<meta http-equiv="Content-Type" content="text/html; charset=utf-8" />
<title>DHT Sensor Uploader</title>
<link href="webcss.css" rel="stylesheet" type="text/css" />

    <script src="/code/highcharts.js"></script>
    <script src="/code/highcharts-more.js"></script>
    <script src="/code/modules/exporting.js"></script>
    <script src="/code/modules/export-data.js"></script>
    <script src="/code/modules/accessibility.js"></script>
</head>
<body>
<?php
//include 'title.php';
?>
<form id="form1" method="post" action="">
<div id="container1" style="min-width: 95%; height: 600px; margin: 0 auto"></div>
<p>
<div id="container2" style="min-width: 95%; height: 600px; margin: 0 auto"></div>
```

```
<p>
<div align="center">

    <?php echo "Data Gererated by Device's MAC:".$mid ?>;
    <table border="1" cellspacing="1" cellpadding="1">
        <tr>
            <td>Date Time</td>
            <td>temperature</td>
            <td>humidity</td>
        </tr>

    <?php
        if(count($d00) >0)
        {
                for($i=count($d00)-1;$i >=0   ;$i=$i-1)
                    {
                            echo
sprintf("<tr><td>%s</td><td>%f</td><td>%f</td></tr>",
                                    trandatetime4($d00[$i]), $d01[$i], $d02[$i]);
                    }
        }
    ?>

    </table>

</div>

</form>
<?php
//include 'footer.php';
?>

<script type="text/javascript">

 //-----------particle--------------

Highcharts.chart('container1', {
    chart: {
        type: 'spline'
```

```
        },
        title: {
                text: 'Temperature by MAC:<? echo $mid?>',
                fontsize: 30
        },
        subtitle: {
                text: "
        },
        xAxis: {
                categories: [
                <?php
for($i=count($d00)-1;$i >=0    ;$i=$i-1)
                {
                        echo "'";
                        echo trandatetime3($d00[$i]);
                        echo "',";
                }
                ?>
                ]
        },
        yAxis: {
                title: {
                        text: '.C'
                }
        },
        plotOptions: {
                line: {
                        dataLabels: {
                                enabled: true
                        },
                        enableMouseTracking: false
                }
        },
        series: [{
                name: 'Temperaturte',
                data: [
                <?php
for($i=count($d00)-1;$i >=0    ;$i=$i-1)
                {
```

```
                echo $d01[$i];
                echo ",";
            }
            ?>
            ]} ]
});
//---------Color Temperaturte----------------
Highcharts.chart('container2', {
    chart: {
        type: 'spline'
    },
    title: {
        text: 'Humidity   by MAC:<? echo $mid?>',
        fontsize: 30
    },
    subtitle: {
        text: "
    },
    xAxis: {
        categories: [
        <?php
        for($i=0;$i < count($d00);$i=$i+1)
        {
            echo "'";
            echo trandatetime3($d00[$i]);
            echo "',";
        }
        ?>
        ]
    },
    yAxis: {
        title: {
            text: '%'
        }
    },
    plotOptions: {
        line: {
            dataLabels: {
                enabled: true
```

```
            },
                enableMouseTracking: false
            }
        },
        series: [{
            name: 'Percent',
            data: [
            <?php
            for($i=0;$i < count($d02);$i=$i+1)
            {
                echo $d02[$i];
                echo ",";
            }
            ?>
            ]} ]
});
        </script>
</body>
</html>
```

程式下載：<u>https://github.com/brucetsao/ESP_IOT_Programming</u>

資料庫連線與取得資料

由於我們需要將連接到資料庫，所以我們需要連接 mySQL 資料庫，所以我們增加上面連線程式：

```
include("../comlib.php");         //使用資料庫的呼叫程式
include("../Connections/iotcnn.php");          //使用資料庫的呼叫程式
    //    Connection() ;
```

由於我們透過 Http GET 傳入裝置的網路卡之編號，之前我們透過『ShowDHT_Chart.php』產生裝置列表的網頁，我們透過點選不同的裝置 MAC 來顯示該裝置的溫溼度資料曲線。

如　　　　　下　　　　　列　　　　　：

『http://163.22.24.51:9999/dhtdata/ShowDHT_Chartlist.php?mac=CC50E38CEE18』，我們

透過某裝置之溫溼度資料曲線之程式：ShowDHT_Chartlist.php，並透過 GET 方式傳

入『?mac=CC50E38CEE18』，而『CC50E38CEE18』就是其中一個網路卡編號。

　　所以我們必須將外部的『mac=CC50E38CEE18』解析，取出『CC50E38CEE18』

的資訊，所以我們的網頁程式透過『$mid=$_GET["mac"];』，將『CC50E38CEE18』

存入到變數『$mid』之中。

$mid=$_GET["mac"];　　　　　//取得 POST 參數：mac address

　　由於我們需要在伺服器端取得溫溼度表格(ncnu.dht)，所以我們需要透過 SQL

語法，將資料庫的溫溼度表格，查詢出來，所以筆者增加了$qrystr 來查詢資料，由

於我們必須透過『where mac = ' CC50E38CEE18'』，所以我們使用『"SELECT * FROM

ncnuiot.dht where mac = '%s' order by systime desc limit 0,120 ",$mid)』，將$mid 的值"

CC50E38CEE18"』，填入 SQL 字串之中，讓整個 SQL 字串變成『SELECT * FROM

ncnuiot.dht where mac = 'CC50E38CEE18' order by systime desc limit 0,120』，如此將可以

將這個字串，傳入 mySQL 連線之中，產生下圖畫面：

$qrystr=sprintf("SELECT * FROM ncnuiot.dht where mac = '%s' order by systime
desc limit 0,120 ",$mid) ;　　　　//將 dhtdata 的資料找出來

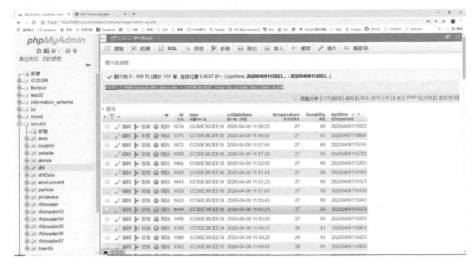

圖 180 成功找出該裝置之溫溼度資料畫面

由於我們會將 SQL 查詢的資料，做不同的排序，所以我們產生$d00, $d01, $d02, $d03 陣列變數，來存取每一欄的資料：

```
$d00 = array();        // declare blank array of d00
$d01 = array(); // declare blank array of d01
$d02 = array(); // declare blank array of d02
$d03 = array(); // declare blank array of d03
```

由於需要執行這段 SQL 查詢的內容，所以我們運用 mysql_query(SQL 查詢的內容,資料庫連線);查詢資料內容。

並將查詢資料內容，傳到$result 的變數來儲存內容與下一步查詢。

```
$result=mysql_query($qrystr,$link);
```

接下來，我們將$result 的變數，透過 while 迴圈，將資料庫欄位的值，把每一欄分別儲存到$d00, $d01, $d02, $d03 陣列變數：

```
if($result!==FALSE){
    while($row = mysql_fetch_array($result))
    {
            array_push($d00, $row["systime"]);        // $row[欄位名稱] 就可以取出
該欄位資料
            array_push($d01, $row["temperature"]);   // array_push(某個陣列名稱,加
```

入的陣列的內容

```
        array_push($d02, $row["humidity"]);
        array_push($d03, $row["mac"]);
    }// 會跳下一列資料


}
```

　　最後我們要關閉資料庫連線，避免網路資源與資料庫資源，一直被鎖住不放，

程式如下：

```
    mysql_free_result($result);    // 關閉資料集


    mysql_close($link);            // 關閉連線
```

資料庫傳送到網頁(HTML 頁面組立)

　　由於我們需要建立 HTML 標準頁面，我們先把 HTML 表頭與 BODY 的標籤，

先行建立，其內容如下：

```
<!DOCTYPE html PUBLIC "-//W3C//DTD XHTML 1.0 Frameset//EN"
"http://www.w3.org/TR/xhtml1/DTD/xhtml1-frameset.dtd">
<html xmlns="http://www.w3.org/1999/xhtml">
<head>
<meta http-equiv="Content-Type" content="text/html; charset=utf-8" />
<title>DHT Sensor Uploader</title>
<link href="webcss.css" rel="stylesheet" type="text/css" />

    <script src="/code/highcharts.js"></script>
    <script src="/code/highcharts-more.js"></script>
    <script src="/code/modules/exporting.js"></script>
    <script src="/code/modules/export-data.js"></script>
    <script src="/code/modules/accessibility.js"></script>
</head>
<body>
```

由於我們 Hight Chart 的繪圖元件，所以在上面 HTML 中，我們加入了引入地 Hight Chart 的繪圖元件對應程式，由於筆者想要降低使用 Hight Chart 的繪圖元件對外執行 Hight Chart 的繪圖元件對應程式的負擔，所以筆者將所有的 Hight Chart 的繪圖元件對應程式都安裝在筆者的網站伺服器之中，這個部分，筆者會另外攥寫專書介紹之。關於引入地 Hight Chart 的繪圖元件對應程式，其內容如下：

```
<script src="/code/highcharts.js"></script>
<script src="/code/highcharts-more.js"></script>
<script src="/code/modules/exporting.js"></script>
<script src="/code/modules/export-data.js"></script>
<script src="/code/modules/accessibility.js"></script>
```

我們要將產生溫度的曲線圖與濕度的曲線圖，產生出來，但是對於網頁，我們要先產生一個繪圖區的記憶體(畫布)，來讓 Hight Chart 的繪圖元件產生圖形。

所以我們先用『<div id="container1" style="min-width: 95%; height: 600px; margin: 0 auto"></div>』的語法，產生『container1』的繪圖區的記憶體(畫布)，來當作溫度的曲線圖。

接下來我們在用『<div id="container2" style="min-width: 95%; height: 600px; margin: 0 auto"></div>』的語法，產生『container2』的繪圖區的記憶體(畫布)，來當作濕度的曲線圖。

```
<div id="container1" style="min-width: 95%; height: 600px; margin: 0 auto"></div>
<p>
<div id="container2" style="min-width: 95%; height: 600px; margin: 0 auto"></div>
<p>
<div align="center">
```

接下來我們需要使用 Hight Chart 的繪圖元件的程式，這些程式是 javascript，所以我們需要宣告 javascript 程式區，程式如下表。

```
<script type="text/javascript">
```

接下來我們使用下列 Hight Chart 的繪圖元件的程式來產生『container1』的繪圖區的記憶體(畫布)，並將該溫度的曲線圖填入到『container1』的繪圖區。

```
Highcharts.chart('container1', {
    chart: {
        type: 'spline'
    },
    title: {
        text: 'Temperature by MAC:<? echo $mid?>',
        fontsize: 30
    },
    subtitle: {
        text: ''
    },
    xAxis: {
        categories: [
        <?php
    for($i=count($d00)-1;$i >=0    ;$i=$i-1)
        {
            echo "'";
            echo trandatetime3($d00[$i]);
            echo "',";
        }
        ?>
        ]
    },
    yAxis: {
        title: {
            text: '.C'
        }
    },
    plotOptions: {
        line: {
            dataLabels: {
                enabled: true
            },
            enableMouseTracking: false
```

```
                }
        },
        series: [{
                name: 'Temperaturte',
                data: [
                <?php
        for($i=count($d00)-1;$i >=0    ;$i=$i-1)
                {
                        echo $d01[$i];
                        echo ",";
                }
                ?>
                ]} ]
});
```

接下來我們使用下列 Hight Chart 的繪圖元件的程式來產生『container2』的繪圖
區的記憶體(畫布)，並將該溼度的曲線圖填入到『container2』的繪圖區。

```
Highcharts.chart('container2', {
        chart: {
                type: 'spline'
        },
        title: {
                text: 'Humidity    by MAC:<? echo $mid?>',
                fontsize: 30
        },
        subtitle: {
                text: "
        },
        xAxis: {
                categories: [
                <?php
                for($i=0;$i < count($d00);$i=$i+1)
                {
                        echo "'";
                        echo trandatetime3($d00[$i]);
                        echo "',";
```

```
            }
        ?>
        ]
    },
    yAxis: {
        title: {
            text: '%'
        }
    },
    plotOptions: {
        line: {
            dataLabels: {
                enabled: true
            },
            enableMouseTracking: false
        }
    },
    series: [{
        name: 'Percent',
        data: [
        <?php
        for($i=0;$i < count($d02);$i=$i+1)
        {
            echo $d02[$i];
            echo ",";
        }
        ?>
        ]} ]
});
```

　　因為我們已經執行完畢 Hight Chart 的繪圖元件的程式，因為這些程式是
javascript，所以我們需要結束 javascript 程式區，程式如下表。

```
        </script>
```

也將溫溼度資料列示出來

最後我們希望 ShowDHT_Chartlist.php 也能夠同步列出該裝置的溫溼度，以供網頁使用者參考，所以我們加上下列程式：

下表所示之程式為產生表格中的表頭欄位。

```
<div align="center">

    <?php echo "Data Gererated by Device's MAC:".$mid ?>;
    <table border="1" cellspacing="1" cellpadding="1">
```

我們要顯示裝置資料區，並且居中對齊，所以我們先用『<div align="center">』的語法，居中對齊下列所有顯示資料。

```
<div align="center">
```

我們要為了顯示裝置的 MAC 網路卡編號，所以我們用『<?php echo "Data Gererated by Device's MAC:".$mid ?>;』的語法，產生裝置的 MAC 網路卡編號：

```
<?php echo "Data Gererated by Device's MAC:".$mid ?>;
```

接下來我們需要將表格居中對齊，所以我們先用『<table border="1" cellspacing="1" cellpadding="1">』的語法，居中對齊表格。

```
<table border="1" cellspacing="1" cellpadding="1">
```

接下來產生表格中的表頭欄位。接下來就是產生表格中的表頭欄位的程式。

```
    <tr>
        <td>Date Time</td>
        <td>temperature</td>
        <td>humidity</td>
    </tr>
```

接下來先用『if(count($d00) >0)』判斷是否有資料可以顯示，有資料顯示後，我們再用『for($i=count($d00)-1;$i >=0 ;$i=$i-1)』的 for 迴圈，來將$d00, $d03 的陣列變數，產生在表格中，每一欄的資料：

```php
    <?php
        if(count($d00) >0)
        {
                for($i=count($d00)-1;$i >=0    ;$i=$i-1)
                {
                        echo
sprintf("<tr><td>%s</td><td>%f</td><td>%f</td></tr>",
                            trandatetime4($d00[$i]), $d01[$i], $d02[$i]);
                }
        }
    ?>
```

最後我們用『</table>』結束表格列印，最後我們再用『</div>』結束表格對齊：

```
   </table>

</div>
```

接下來，我們用『</body>』結束網頁主體內容，最後我們再用『</html>』結束網頁內容：

```
</body>
</html>
```

使用瀏覽器進行 ShowDHT_Chartlist.php 程式測試

最後我們將 ShowDHT_Chartlist.php 送上網站，透過瀏覽器，輸入
『 http://163.22.24.51:9999/dhtdata/ShowDHT_Chartlist.php?mac=CC50E38CEE18 』

如下圖所示，我們可看到 ShowDHT_Chartlist.php 程式，成功列示顯示上傳資料的畫面。

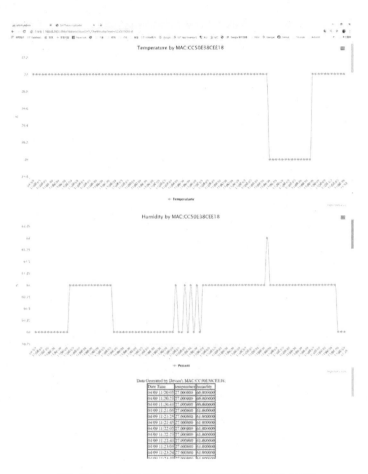

圖 181 成功顯示某裝置之溫溼度曲線圖之畫面

顯示多筆溫溼度 Guage 圖形

開啟新檔案

如下圖所示，我們先行開啟新檔案。

圖 182 開啟新檔案

新增 PHP 網頁檔

如下圖所示，我們先行新增 PHP 網頁檔。

圖 183 新增 php 網頁

編輯新檔案

如下圖所示，我們開始編輯新檔案。

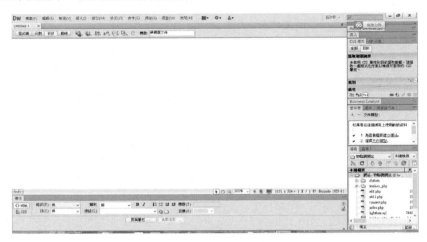

圖 184 空白的 php 網頁(設計端)

如下圖所示，我們先行將新檔案存檔為：ShowDHT_Guage.php，並存在網站之：

『dhtdata』目錄之下。

圖 185 將新檔案存檔為：ShowDHT_Guage.php

顯示 GUAGE 之溫溼度資料程式內容

如下圖所示，我們將 ShowDHT_Guage.php 程式填入下列內容。

表 19 顯示 GUAGE 之溫溼度資料程式

顯示 GUAGE 之溫溼度資料程式(ShowDHT_Guage.php)

```php
<?php

    include("../comlib.php");         //使用資料庫的呼叫程式
    include("../Connections/iotcnn.php");           //使用資料庫的呼叫程式
        //    Connection() ;
    $link=Connection();       //產生 mySQL 連線物件



    $qrystr="SELECT mac , count(mac) as tt FROM    ncnuiot.dht WHERE 1 group by
mac order by mac    " ;           //將 dhtdata 的資料找出來

    $d00 = array();       // declare blank array of d00
    $d01 = array();       // declare blank array of d00

    $result=mysql_query($qrystr,$link);         //將 dhtdata 的資料找出來(只找最後 5

if($result!==FALSE){
    while($row = mysql_fetch_array($result))
    {
            array_push($d00, $row["mac"]);
            array_push($d01, $row["tt"]);
        }//  會跳下一列資料

}



    mysql_free_result($result);    // 關閉資料集

    mysql_close($link);         // 關閉連線
```

```
?>

<!DOCTYPE html PUBLIC "-//W3C//DTD XHTML 1.0 Frameset//EN"
"http://www.w3.org/TR/xhtml1/DTD/xhtml1-frameset.dtd">
<html xmlns="http://www.w3.org/1999/xhtml">
<head>
<meta http-equiv="Content-Type" content="text/html; charset=utf-8" />
<title> Query DHT    Data and Display Guage Chart by MAC</title>
<link href="webcss.css" rel="stylesheet" type="text/css" />

</head>
<body>
<?php
//include 'title.php';
?>
  <div align="center">
    <table border="1" align = center cellspacing="1" cellpadding="1">
        <tr>
            <td>MAC Address</td>
            <td>Record Counts</td>
            <td>Display Detail</td>
        </tr>

        <?php
            if(count($d00) >0)
            {
                for($i=count($d00)-1;$i >=0   ;$i=$i-1)
                    {
                        echo sprintf("<tr><td>%s</td><td>%d</td><td><a
href='ShowDHT_SingleGuage.php?mac=%s'>顯示 Chauge 圖</a></td></tr>",
$d00[$i],$d01[$i],
                        $d00[$i]);
                    }
```

```
        }
    ?>

    </table>

</div>

</form>
<?php
//include 'footer.php';
?>

</body>
</html>
```

程式下載：https://github.com/brucetsao/ESP_IOT_Programming

資料庫連線與取得資料

由於我們需要將連接到資料庫，所以我們需要連接 mySQL 資料庫，所以我們

增加上面連線程式：

```
include("../comlib.php");        //使用資料庫的呼叫程式
include("../Connections/iotcnn.php");            //使用資料庫的呼叫程式
    //    Connection() ;
$link=Connection();        //產生 mySQL 連線物件
```

由於我們需要在伺服器端取得溫濕度表格(ncnu.dht)，所以我們需要透過 SQL 語法，

將資料庫的溫濕度表格，查詢出來，所以筆者增加了$qrystr 來查詢資料。


```
    $qrystr="SELECT mac , count(mac) as tt FROM    ncnuiot.dht WHERE 1 group by
mac order by mac    ";        //將 dhtdata 的資料找出來
```

由於我們會將 SQL 查詢的資料，做不同的排序，所以我們產生$d00, $d01 陣列

變數，來存取每一欄的資料：

```
$d00 = array();        // declare blank array of d00
$d01 = array();        // declare blank array of d00
```

　　由於需要執行這段 SQL 查詢的內容，所以我們運用 mysql_query(SQL 查詢的內容,資料庫連線);查詢資料內容。

　　並將查詢資料內容，傳到$result 的變數來儲存內容與下一步查詢。

```
$result=mysql_query($qrystr,$link);
```

　　接下來，我們將$result 的變數，透過 while 迴圈，將資料庫欄位的值，把每一欄分別儲存到$d00, $d01 的陣列變數：

```
if($result!==FALSE){
    while($row = mysql_fetch_array($result))
    {
            array_push($d00, $row["mac"]);
            array_push($d01, $row["tt"]);
        }// 會跳下一列資料


}



    mysql_free_result($result);    // 關閉資料集

    mysql_close($link);            // 關閉連線
```

　　最後我們要關閉資料庫連線，避免網路資源與資料庫資源，一直被鎖住不放，程式如下：

```
    mysql_free_result($result);    // 關閉資料集

    mysql_close($link);            // 關閉連線
```

資料庫傳送到網頁(HTML 頁面組立)

由於我們需要建立 HTML 標準頁面，我們先把 HTML 表頭與 BODY 的標籤，
先行建立，其內容如下：

```
<!DOCTYPE html PUBLIC "-//W3C//DTD XHTML 1.0 Frameset//EN"
"http://www.w3.org/TR/xhtml1/DTD/xhtml1-frameset.dtd">
<html xmlns="http://www.w3.org/1999/xhtml">
<head>
<meta http-equiv="Content-Type" content="text/html; charset=utf-8" />
<title> Query DHT    Data and Display Guage Chart by MAC</title>
<link href="webcss.css" rel="stylesheet" type="text/css" />

</head>
<body>
```

我們要用表格列示資資料，所以我們先用『<table border="1" align = center
cellspacing="1" cellpadding="1">』的語法，產生表格。

接下來我們需要將表格居中對齊，所以我們先用『<div align="center">』的語法，
居中對齊表格。

```
<div align="center">
  <table border="1" align = center cellspacing="1" cellpadding="1">
```

接下來產生表格中的表頭欄位。

```
    <tr>
        <td>MAC Address</td>
        <td>Record Counts</td>
        <td>Display Detail</td>
    </tr>
```

接下來先用『if(count($d00) >0)』判斷是否有資料可以顯示，有資料顯示後，我們

再用『for($i=count($d00)-1;$i >=0   ;$i=$i-1)』的 for 迴圈，來將$d00, $d01 的陣列變

數，產生在表格中，每一欄的資料：

```php
<?php
    if(count($d00) >0)
    {
        for($i=count($d00)-1;$i >=0    ;$i=$i-1)
            {
                echo sprintf("<tr><td>%s</td><td>%d</td><td><a
href='ShowDHT_Chartlist.php?mac=%s'>顯示 Chauge 圖</a></td></tr>",
$d00[$i],$d01[$i],
                    $d00[$i]);
            }
    }
?>
```

最後我們用『</table>』結束表格列印，最後我們再用『</div>』結束表格對齊：

```
    </table>

</div>
```

接下來，我們用『</body>』結束網頁主體內容，最後我們再用『</html>』結束網

頁內容：

```
</body>
</html>
```

使用瀏覽器進行 ShowDHT_Guage.php 程式測試

最後我們將 ShowDHT_Guage.php 送上網站，透過瀏覽器，輸入
http://163.22.24.51:9999/dhtdata/ShowDHT_Guage.php

如下圖所示，我們可看到 ShowDHT_Guage.php 程式，成功列示顯示上傳資料

的畫面。

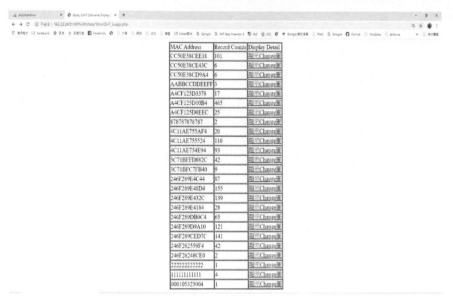

MAC Address	Record Counts	Display Detail
CC50E38CEE18	101	顯示/Change圖
CC50E38CE43C	6	顯示/Change圖
CC50E38CD9A4	6	顯示/Change圖
AABBCCDDEEFF	3	顯示/Change圖
A4CF125D3378	17	顯示/Change圖
A4CF125D10B4	465	顯示/Change圖
A4CF125D0EEC	25	顯示/Change圖
878787878787	2	顯示/Change圖
4C11AE755AF4	20	顯示/Change圖
4C11AE755524	110	顯示/Change圖
4C11AE754E94	93	顯示/Change圖
3C71BFFD882C	42	顯示/Change圖
3C71BFC7FB40	9	顯示/Change圖
246F289E4C44	87	顯示/Change圖
246F289E48D4	155	顯示/Change圖
246F289E432C	139	顯示/Change圖
246F289E4184	28	顯示/Change圖
246F289DB0C4	65	顯示/Change圖
246F289D9A10	121	顯示/Change圖
246F289CED7C	141	顯示/Change圖
246F282559F4	42	顯示/Change圖
246F28248CE0	2	顯示/Change圖
222222222222	1	顯示/Change圖
111111111111	4	顯示/Change圖
000105323004	1	顯示/Change圖

圖 186 成功顯示所有裝置的 MAC 畫面(顯示 GUAGE)

如下圖所示，我們可看到找不到溫溼度 Guage 圖形程式，出現網頁找不到的畫面。

圖 187 找不到溫溼度 Guage 圖形程式

顯示單筆溫溼度 Guage 圖形

因為我們的溫溼度資料，並非由同一個裝置產生，是由許多不同的溫溼度裝置產生的資料，由於這些每一個溫溼度裝置所處的位置不同，所以合併資料顯示是一件沒有意義的事情，所以我們必須單一顯示溫溼度裝置的溫溼度曲線，但是由於每一個溫溼度裝置，都是有一個 ESP32S 的單晶片產生的，由於每一個具有 WIFI 網路連線的 ESP32S 的單晶片，都具有唯一的 MAC Address 網路卡編號，所以我們先用每一個 ESP32S 的單晶片的 MAC Address 網路卡編號，來當作查詢溼度裝置的查詢鍵，我們在上面，已經建立

『http://163.22.24.51:9999/dhtdata/ShowDHT_SingleGuage.php?mac=CC50E38CEE18』的單一查詢程式：ShowDHT_SingleGuage.php，並透過 GET 方式傳入

『?mac=CC50E38CEE18』，而『CC50E38CEE18』就是其中一個網路卡編號。

　　所以接下來我們就是要建立『ShowDHT_SingleGuage.php』的網頁程式。

開啟新檔案

　　如下圖所示，我們先行開啟新檔案。

圖 188 開啟新檔案

新增 PHP 網頁檔

　　如下圖所示，我們先行新增 PHP 網頁檔。

圖 189 新增 php 網頁

編輯新檔案

如下圖所示，我們開始編輯新檔案。

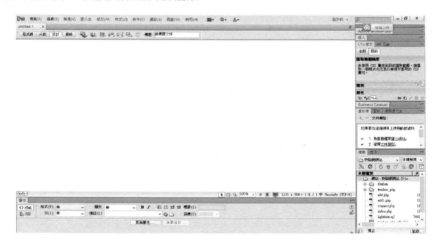

圖 190 空白的 php 網頁(設計端)

如下圖所示，我們先行將新檔案存檔為：ShowDHT_SingleGuage.php，並存在
網站之：『dhtdata』目錄之下。

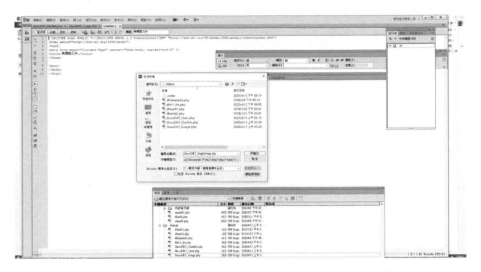

圖 191 將新檔案存檔為：ShowDHT_SingleGuage.php

顯示某裝置之溫溼度資料 Guage 圖形之程式內容

如下圖所示，我們將 ShowDHT_SingleGuage.php 程式填入下列內容。

表 20 顯示某裝置之溫溼度資料 Guage 圖形之程式

顯示某裝置之溫溼度資料 Guage 圖形之程式(ShowDHT_SingleGuage.php)

``php
<?php
 	
    include("../comlib.php");   //使用資料庫的呼叫程式
    include("../Connections/iotcnn.php");   //使用資料庫的呼叫程式
    //   Connection() ;
    $link=Connection();   //產生 mySQL 連線物件
 	
    $mid=$_GET["mac"];   //取得 POST 參數 : mac address
    //SELECT * FROM ncnuiot.dht where mac = 'CC50E38CEE18' order by systime desc
limit 1
    $qrystr=sprintf("SELECT * FROM ncnuiot.dht where mac = '%s' order by systime
desc limit 1 ",$mid) ;   //將 dhtdata 的資料找出來
``

```php
    $d00 = array();        // declare blank array of d00
    $d01 = array(); // declare blank array of d01
    $d02 = array(); // declare blank array of d02
    $d03 = array(); // declare blank array of d03

    $result=mysql_query($qrystr,$link);        //將 dhtdata 的資料找出來(只找最後 5
//    echo "step 02 . <br>" ;
  if($result!==FALSE){
      while($row = mysql_fetch_array($result))
      {
              array_push($d00, $row["systime"]);        // $row[欄位名稱] 就可以取出
該欄位資料
              array_push($d01, $row["temperature"]); // array_push(某個陣列名稱,加
入的陣列的內容
              array_push($d02, $row["humidity"]);
              array_push($d03, $row["mac"]);
          }// 會跳下一列資料

  }

//    echo "step 03 . <br>" ;
    mysql_free_result($result);    // 關閉資料集
//    echo "step 04 . <br>" ;
    mysql_close($link);            // 關閉連線
//    echo "step 05 . <br>" ;




?>


<!DOCTYPE html PUBLIC "-//W3C//DTD XHTML 1.0 Frameset//EN"
"http://www.w3.org/TR/xhtml1/DTD/xhtml1-frameset.dtd">
<html xmlns="http://www.w3.org/1999/xhtml">
<head>
<meta http-equiv="Content-Type" content="text/html; charset=utf-8" />
<title>DHT Sensor Guage Chart</title>
<link href="webcss.css" rel="stylesheet" type="text/css" />
```

```
<script src="/code/highcharts.js"></script>
<script src="/code/highcharts-more.js"></script>
<script src="/code/modules/exporting.js"></script>
<script src="/code/modules/export-data.js"></script>
<script src="/code/modules/accessibility.js"></script>


</head>
<body>
<?php
//include 'title.php';
?>

<div id="container1" style="min-width: 95%; height: 600px; margin: 0 auto"></div>
<p>
<div id="container2" style="min-width: 95%; height: 600px; margin: 0 auto"></div>
<p>


</form>
<?php
//include 'footer.php';
?>

<script type="text/javascript">

 //---------Color Temperaturte----------------
Highcharts.chart('container1', {

    chart: {
         type: 'gauge',
         plotBackgroundColor: null,
         plotBackgroundImage: null,
         plotBorderWidth: 0,
         plotShadow: false
    },
```

```
title: {
    text: 'Temperature by MAC:<? echo $mid?> at <? echo tran-
datetime4($d00[0])?>',
},

pane: {
    startAngle: -120,
    endAngle: 120,
    background: [{
        backgroundColor: {
            linearGradient: { x1: 0, y1: 0, x2: 0, y2: 1 },
            stops: [
                [0, '#FFF'],
                [1, '#333']
            ]
        },
        borderWidth: 0,
        outerRadius: '109%'
    }, {
        backgroundColor: {
            linearGradient: { x1: 0, y1: 0, x2: 0, y2: 1 },
            stops: [
                [0, '#333'],
                [1, '#FFF']
            ]
        },
        borderWidth: 1,
        outerRadius: '107%'
    }, {
        // default background
    }, {
        backgroundColor: '#DDD',
        borderWidth: 0,
        outerRadius: '105%',
        innerRadius: '103%'
    }]
},
```

```
// the value axis
yAxis: {
    min: -10,
    max: 50,

    minorTickInterval: 'auto',
    minorTickWidth: 1,
    minorTickLength: 10,
    minorTickPosition: 'inside',
    minorTickColor: '#666',

    tickPixelInterval: 30,
    tickWidth: 2,
    tickPosition: 'inside',
    tickLength: 10,
    tickColor: '#666',
    labels: {
        step: 1,
        rotation: 'auto'
    },
    title: {
        text: '°C(Celsius)'
    },
    plotBands: [{
        from: -10,
        to: 22,
        color: '#DDDF0D' // yellow
    }, {
        from: 22,
        to: 30,
        color: '#55BF3B' // green
    }, {
        from: 30,
        to: 50,
        color: '#DF5353' // red
    }]
},

series: [{
```

```
                name: 'Celsius',
                data: [
                <?php
            for($i=count($d00)-1;$i >=0    ;$i=$i-1)
                {
                        echo $d01[$i];
                        echo ",";
                }
                ?>
                ],
                tooltip: {
                        valueSuffix: ' ℃'
                }
        }]

});


//---------Color humidity----------------
Highcharts.chart('container2', {

    chart: {
        type: 'gauge',
        plotBackgroundColor: null,
        plotBackgroundImage: null,
        plotBorderWidth: 0,
        plotShadow: false
    },

    title: {
        text: 'Humidity by MAC:<? echo $mid?> at <? echo trandatetime4($d00[0])?>',
    },

    pane: {
        startAngle: -150,
        endAngle: 150,
        background: [{
            backgroundColor: {
                linearGradient: { x1: 0, y1: 0, x2: 0, y2: 1 },
                stops: [
```

```
                [0, '#FFF'],
                [1, '#333']
            ]
        },
        borderWidth: 0,
        outerRadius: '109%'
}, {
        backgroundColor: {
            linearGradient: { x1: 0, y1: 0, x2: 0, y2: 1 },
            stops: [
                [0, '#333'],
                [1, '#FFF']
            ]
        },
        borderWidth: 1,
        outerRadius: '107%'
}, {
        // default background
}, {
        backgroundColor: '#DDD',
        borderWidth: 0,
        outerRadius: '105%',
        innerRadius: '103%'
}]
},

// the value axis
yAxis: {
    min: 0,
    max: 100,

    minorTickInterval: 'auto',
    minorTickWidth: 1,
    minorTickLength: 10,
    minorTickPosition: 'inside',
    minorTickColor: '#666',

    tickPixelInterval: 30,
    tickWidth: 2,
```

```
        tickPosition: 'inside',
        tickLength: 10,
        tickColor: '#666',
        labels: {
            step: 1,
            rotation: 'auto'
        },
        title: {
            text: '%(Percent)'
        },
        plotBands: [{
            from: 0,
            to: 50,
            color: '#55BF3B' //    green
        }, {
            from: 50,
            to: 85,
            color: '#DDDF0D' //yellow
        }, {
            from: 85,
            to: 100,
            color: '#DF5353' // red
        }]
    },

    series: [{
        name: 'humidity',
        data: [
        <?php
for($i=count($d00)-1;$i >=0    ;$i=$i-1)
        {
            echo $d02[$i];
            echo ",";
        }
        ?>
        ],
        tooltip: {
            valueSuffix: ' %'
        }
```

```
    ]]

});




        </script>


</body>
</html>
```

程式下載：<u>https://github.com/brucetsao/ESP_IOT_Programming</u>

資料庫連線與取得資料

由於我們需要將連接到資料庫，所以我們需要連接 mySQL 資料庫，所以我們

增加上面連線程式：


```
include("../comlib.php");        //使用資料庫的呼叫程式
include("../Connections/iotcnn.php");          //使用資料庫的呼叫程式
    //   Connection() ;
$link=Connection();        //產生 mySQL 連線物件
```


由於我們透過 Http GET 傳入裝置的網路卡之編號，之前我們透過

『ShowDHT_Guage.php』產生裝置列表的網頁，我們透過點選不同的裝置 MAC 來

顯示該裝置的溫溼度 Guage 圖表。

如下列：

『<u>http://163.22.24.51:9999/dhtdata/ShowDHT_SingleGuage.php?mac=CC50E38CEE18</u>』，

我們透過某裝置之溫溼度資料曲線之程式：ShowDHT_SingleGuage.php，並透過 GET

方式傳入『?mac=CC50E38CEE18』，而『CC50E38CEE18』就是其中一個網路卡編號。

所以我們必須將外部的『mac=CC50E38CEE18』解析，取出『CC50E38CEE18』

的資訊，所以我們的網頁程式透過『$mid=$_GET["mac"];』，將『CC50E38CEE18』
存入到變數『$mid』之中。

```
$mid=$_GET["mac"];          //取得 POST 參數 : mac address
```

　　由於我們需要在伺服器端取得溫濕度表格(ncnu.dht)，所以我們需要透過 SQL
語法，將資料庫的溫濕度表格，查詢出來，所以筆者增加了$qrystr 來查詢資料，由
於我們必須透過『where mac = ' CC50E38CEE18'』 ，所以我們使用『" SELECT *
FROM ncnuiot.dht where mac = '%s' order by systime desc limit 1" 』，將$mid 的值"
CC50E38CEE18"』 ，填入 SQL 字串之中，讓整個 SQL 字串變成『SELECT * FROM
ncnuiot.dht where mac = 'CC50E38CEE18' order by systime desc limit 1』，如此將可以將
這個字串，傳入 mySQL 連線之中，產生下圖畫面：

```
$qrystr=sprintf("SELECT * FROM ncnuiot.dht where mac = '%s' order by systime
desc limit 1 ",$mid) ;          //將 dhtdata 的資料找出來
```

圖 192 成功找出該裝置之溫溼度資料畫面

由於我們會將 SQL 查詢的資料，做不同的排序，所以我們產生$d00, $d01, $d02, $d03 陣列變數，來存取每一欄的資料：

```
$d00 = array();      // declare blank array of d00
$d01 = array(); // declare blank array of d01
$d02 = array(); // declare blank array of d02
$d03 = array(); // declare blank array of d03
```

由於需要執行這段 SQL 查詢的內容，所以我們運用 mysql_query(SQL 查詢的內容,資料庫連線);查詢資料內容。

並將查詢資料內容，傳到$result 的變數來儲存內容與下一步查詢。

```
$result=mysql_query($qrystr,$link);
```

接下來，我們將$result 的變數，透過 while 迴圈，將資料庫欄位的值，把每一欄分別儲存到$d00, $d01, $d02, $d03 陣列變數：

```
if($result!==FALSE){
```

```
    while($row = mysql_fetch_array($result))
    {
            array_push($d00, $row["systime"]);        // $row[欄位名稱] 就可以取出
該欄位資料
            array_push($d01, $row["temperature"]);  // array_push(某個陣列名稱,加
入的陣列的內容
            array_push($d02, $row["humidity"]);
            array_push($d03, $row["mac"]);
        }// 會跳下一列資料

    }
```

最後我們要關閉資料庫連線，避免網路資源與資料庫資源，一直被鎖住不放，
程式如下：

```
    mysql_free_result($result);    // 關閉資料集

    mysql_close($link);            // 關閉連線
```

資料庫傳送到網頁(HTML 頁面組立)

由於我們需要建立 HTML 標準頁面，我們先把 HTML 表頭與 BODY 的標籤，
先行建立，其內容如下：

```
<!DOCTYPE html PUBLIC "-//W3C//DTD XHTML 1.0 Frameset//EN"
"http://www.w3.org/TR/xhtml1/DTD/xhtml1-frameset.dtd">
<html xmlns="http://www.w3.org/1999/xhtml">
<head>
<meta http-equiv="Content-Type" content="text/html; charset=utf-8" />
<title>DHT Sensor Guage Chart</title>
<link href="webcss.css" rel="stylesheet" type="text/css" />



<script src="/code/highcharts.js"></script>
```

```
<script src="/code/highcharts-more.js"></script>
<script src="/code/modules/exporting.js"></script>
<script src="/code/modules/export-data.js"></script>
<script src="/code/modules/accessibility.js"></script>



</head>
<body>
```

由於我們 Hight Chart 的繪圖元件，所以在上面 HTML 中，我們加入了引入地 Hight Chart 的繪圖元件對應程式，由於筆者想要降低使用 Hight Chart 的繪圖元件對外執行 Hight Chart 的繪圖元件對應程式的負擔，所以筆者將所有的 Hight Chart 的繪圖元件對應程式都安裝在筆者的網站伺服器之中，這個部分，筆者會另外撰寫專書介紹之。關於引入地 Hight Chart 的繪圖元件對應程式，其內容如下：

```
<script src="/code/highcharts.js"></script>
<script src="/code/highcharts-more.js"></script>
<script src="/code/modules/exporting.js"></script>
<script src="/code/modules/export-data.js"></script>
<script src="/code/modules/accessibility.js"></script>
```

我們要將產生溫度的曲線圖與濕度的曲線圖，產生出來，但是對於網頁，我們要先產生一個繪圖區的記憶體(畫布)，來讓 Hight Chart 的繪圖元件產生圖形。

所以我們先用『<div id="container1" style="min-width: 95%; height: 600px; margin: 0 auto"></div>』的語法，產生『container1』的繪圖區的記憶體(畫布)，來當作溫度的曲線圖。

接下來我們在用『<div id="container2" style="min-width: 95%; height: 600px; margin: 0 auto"></div>』的語法，產生『container2』的繪圖區的記憶體(畫布)，來當作濕度的曲線圖。

```
<div id="container1" style="min-width: 95%; height: 600px; margin: 0 auto"></div>
<p>
<div id="container2" style="min-width: 95%; height: 600px; margin: 0 auto"></div>
<p>
```

接下來我們需要使用 Hight Chart 的繪圖元件的程式，這些程式是 javascript，所以我們需要宣告 javascript 程式區，程式如下表。

```
<script type="text/javascript">
```

接下來我們使用下列 Hight Chart 的繪圖元件的程式來產生『container1』的繪圖區的記憶體(畫布)，並將該溫度的 Guage 圖填入到『container1』的繪圖區。

```
//---------Color Temperaturte----------------
Highcharts.chart('container1', {

    chart: {
        type: 'gauge',
        plotBackgroundColor: null,
        plotBackgroundImage: null,
        plotBorderWidth: 0,
        plotShadow: false
    },

    title: {
        text: 'Temperature by MAC:<? echo $mid?> at <? echo tran-
datetime4($d00[0])?>',
    },

    pane: {
        startAngle: -120,
        endAngle: 120,
        background: [{
            backgroundColor: {
                linearGradient: { x1: 0, y1: 0, x2: 0, y2: 1 },
```

```
                    stops: [
                            [0, '#FFF'],
                            [1, '#333']
                        ]
                },
                borderWidth: 0,
                outerRadius: '109%'
        }, {
                backgroundColor: {
                        linearGradient: { x1: 0, y1: 0, x2: 0, y2: 1 },
                        stops: [
                                [0, '#333'],
                                [1, '#FFF']
                            ]
                },
                borderWidth: 1,
                outerRadius: '107%'
        }, {
                // default background
        }, {
                backgroundColor: '#DDD',
                borderWidth: 0,
                outerRadius: '105%',
                innerRadius: '103%'
        }]
},

// the value axis
yAxis: {
        min: -10,
        max: 50,

        minorTickInterval: 'auto',
        minorTickWidth: 1,
        minorTickLength: 10,
        minorTickPosition: 'inside',
        minorTickColor: '#666',

        tickPixelInterval: 30,
```

```
            tickWidth: 2,
            tickPosition: 'inside',
            tickLength: 10,
            tickColor: '#666',
            labels: {
                  step: 1,
                  rotation: 'auto'
            },
            title: {
                  text: '°C(Celsius)'
            },
            plotBands: [{
                  from: -10,
                  to: 22,
                  color: '#DDDF0D' // yellow
            }, {
                  from: 22,
                  to: 30,
                  color: '#55BF3B' // green
            }, {
                  from: 30,
                  to: 50,
                  color: '#DF5353' // red
            }]
      },

series: [{
      name: 'Celsius',
      data: [
      <?php
for($i=count($d00)-1;$i >=0    ;$i=$i-1)
      {
            echo $d01[$i];
            echo ",";
      }
      ?>
      ],
      tooltip: {
            valueSuffix: ' °C'
```

```
        }
   }]

});
```

接下來我們使用下列 Hight Chart 的繪圖元件的程式來產生『container2』的繪圖區的記憶體(畫布)，並將該溼度的 Guage 圖填入到『container2』的繪圖區。

```
//---------Color humidity----------------
Highcharts.chart('container2', {

    chart: {
        type: 'gauge',
        plotBackgroundColor: null,
        plotBackgroundImage: null,
        plotBorderWidth: 0,
        plotShadow: false
    },

    title: {
        text: 'Humidity by MAC:<? echo $mid?> at <? echo trandatetime4($d00[0])?>',
    },

    pane: {
        startAngle: -150,
        endAngle: 150,
        background: [{
            backgroundColor: {
                linearGradient: { x1: 0, y1: 0, x2: 0, y2: 1 },
                stops: [
                    [0, '#FFF'],
                    [1, '#333']
                ]
            },
            borderWidth: 0,
            outerRadius: '109%'
        }, {
```

```
                backgroundColor: {
                        linearGradient: { x1: 0, y1: 0, x2: 0, y2: 1 },
                        stops: [
                                [0, '#333'],
                                [1, '#FFF']
                        ]
                },
                borderWidth: 1,
                outerRadius: '107%'
        }, {
                // default background
        }, {
                backgroundColor: '#DDD',
                borderWidth: 0,
                outerRadius: '105%',
                innerRadius: '103%'
        }]
},

// the value axis
yAxis: {
        min: 0,
        max: 100,

        minorTickInterval: 'auto',
        minorTickWidth: 1,
        minorTickLength: 10,
        minorTickPosition: 'inside',
        minorTickColor: '#666',

        tickPixelInterval: 30,
        tickWidth: 2,
        tickPosition: 'inside',
        tickLength: 10,
        tickColor: '#666',
        labels: {
                step: 1,
                rotation: 'auto'
        },
```

```
        title: {
            text: '%(Percent)'
        },
        plotBands: [{
            from: 0,
            to: 50,
            color: '#55BF3B' //   green
        }, {
            from: 50,
            to: 85,
            color: '#DDDF0D' //yellow
        }, {
            from: 85,
            to: 100,
            color: '#DF5353' // red
        }]
    },

    series: [{
        name: 'humidity',
        data: [
        <?php
for($i=count($d00)-1;$i >=0   ;$i=$i-1)
        {
            echo $d02[$i];
            echo ",";
        }
        ?>
        ],
        tooltip: {
            valueSuffix: ' %'
        }
    }]
});
```

因為我們已經執行完畢 Hight Chart 的繪圖元件的程式，因為這些程式是javascript，所以我們需要結束 javascript 程式區，程式如下表。

```
                                  </script>
```

使用瀏覽器進行 ShowDHT_SingleGuage.php 程式測試

最後我們將 ShowDHT_SingleGuage.php 送上網站，透過瀏覽器，輸入

『http://163.22.24.51:9999/dhtdata/ShowDHT_SingleGuage.php?mac=CC50E38CEE18』

如下圖所示，我們可看到 ShowDHT_SingleGuage.php 程式，成功列示顯示上傳

資料的畫面。

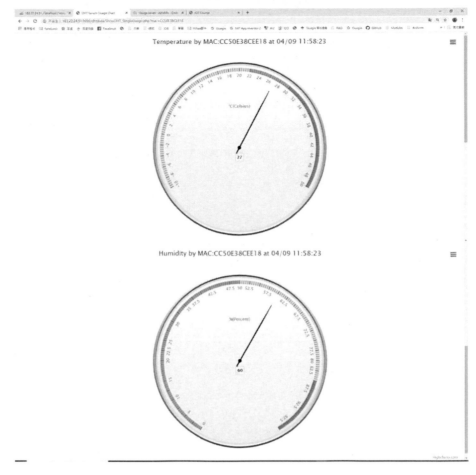

圖 193 成功顯示某裝置之溫溼度 Guage 圖之畫面

章節小結

本章主要介紹之 ESP 32 開發板，如何使用 ESP 32 開發板來使用網路來建構網路伺服器，並以視覺化的儀表板顯示之，相信讀者會對 ESP 32 建立視覺化網站、運用圖表，列示、曲線、Guage 等方式顯示感測器的資料等等，有更深入的了解與體認。

本書總結

　　筆者對於 ESP 32 相關的書籍，也出版許多書籍，感謝許多有心的讀者提供筆者許多寶貴的意見與建議，筆者群不勝感激，許多讀者希望筆者可以推出更多的入門書籍給更多想要進入『ESP 32』、『物聯網』、『Maker』這個未來大趨勢，所有才有這個程式設計系列的產生。

　　本系列叢書的特色是一步一步教導大家使用更基礎的東西，來累積各位的基礎能力，讓大家能在物聯網時代潮流中，可以拔的頭籌，所以本系列是一個永不結束的系列，只要更多的東西被製造出來，相信筆者會更衷心的希望與各位永遠在這條物聯網時代潮流中與大家同行。

作者介紹

曹永忠 (Yung-Chung Tsao) ，國立中央大學資訊管理學系博士，目前在國立暨南國際大學電機工程學系兼任助理教授、國立高雄科技大學商務資訊應用系兼任助理教授自由作家，專注於軟體工程、軟體開發與設計、物件導向程式設計、物聯網系統開發、Arduino 開發、嵌入式系統開發。長期投入資訊系統設計與開發、企業應用系統開發、軟體工程、物聯網系統開發、軟硬體技術整合等領域，並持續發表作品及相關專業著作。

並通過台灣圖霸的專家認證

Email:prgbruce@gmail.com

Line ID：dr.brucetsao

WeChat：dr_brucetsao

作者網站：https://www.cs.pu.edu.tw/~yctsao/

臉書社群(Arduino.Taiwan)：https://www.facebook.com/groups/Arduino.Taiwan/

Github 網站：https://github.com/brucetsao/

原始碼網址：

https://github.com/brucetsao/ESP_IOT_Programming

Youtube：

https://www.youtube.com/channel/UCcYG2yY_u0m1aotcA4hrRgQ

蔡英德 (Yin-Te Tsai)，國立清華大學資訊科學系博士，目前是靜宜大學資訊傳播工程學系教授、靜宜大學資訊學院院長，主要研究為演算法設計與分析、生物資訊、軟體開發、視障輔具設計與開發。

Email:yttsai@pu.edu.tw

　　作者網頁：http://www.csce.pu.edu.tw/people/bio.php?PID=6#personal_writing

許智誠 (Chih-Cheng Hsu)，美國加州大學洛杉磯分校(UCLA) 資訊工程系博士，曾任職於美國 IBM 等軟體公司多年，現任教於中央大學資訊管理學系專任副教授，主要研究為軟體工程、設計流程與自動化、數位教學、雲端裝置、多層式網頁系統、系統整合、金融資料探勘、Python 建置(金融)資料探勘系統。

Email: khsu@mgt.ncu.edu.tw

作者網頁：http://www.mgt.ncu.edu.tw/~khsu/

鄭昊緣（Zheng Haoyuan），南寧師範大學電子信息工程專業學生，目前在臺灣國立暨南國際大學交換學習。感興趣的研究領域為物聯網系統設計與開發、視覺影像處理、Arduino 開發，嵌入式系統開發等，多次參加大學生電子設計競賽、互聯網+、大學生創新創業大賽及自造松比賽。

Email:1592833061@qq.com

WeChat：SHMILY081866

張程（Zhang Cheng），南寧師範大學電子信息工程專業學生，目前在臺灣國立暨南國際大學交換學習。感興趣的研究領域為物聯網系統設計與開發、視覺影像處理、Arduino 開發，嵌入式系統開發等，多次參加大學生電子設計競賽及自造松比賽。

Email:1748271850@qq.com

Email:zc96969696@gmail.com

WeChat：anhaoshisha

附錄

NodeMCU 32S 腳位圖

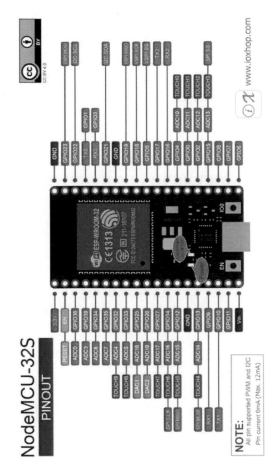

資料來源：espressif 官網：

https://www.espressif.com/sites/default/files/documentation/esp32_datasheet_en.pdf

ESP32-DOIT-DEVKIT 腳位圖

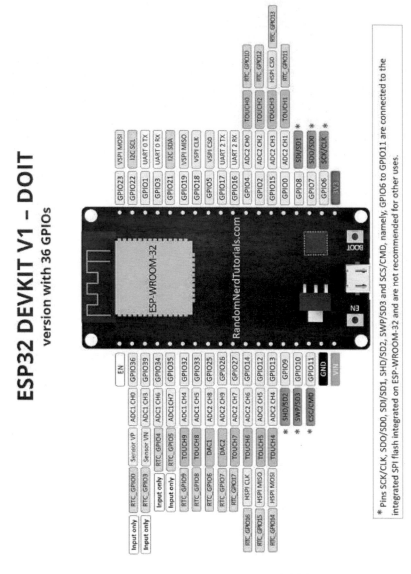

資料來源：espressif 官網：

https://www.espressif.com/sites/default/files/documentation/esp32_datasheet_en.pdf

SparkFun ESP32 Thing 腳位圖

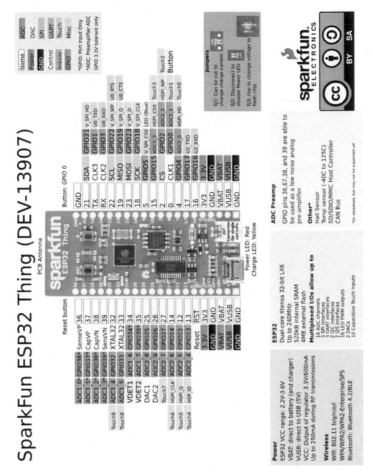

資料來源：Sparkfun 官網：https://www.sparkfun.com/products/13907

Hornbill_ESP32_Devboard 腳位圖

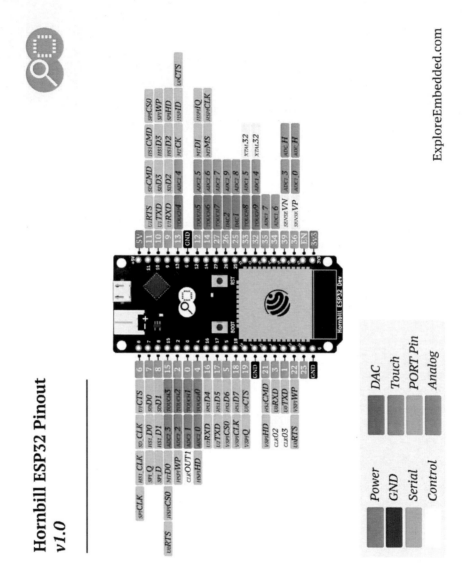

Hornbill ESP32 Pinout v1.0

資料來源：espressif 官網：

https://www.exploreembedded.com/product/Hornbill%20ESP32%20Dev

參考文獻

尤濬哲. (2019). ESP32 Arduino 開發環境架設（取代 Arduino UNO 及 ESP8266 首 選 ）. Retrieved from https://youyouyou.pixnet.net/blog/post/119410732

曹永忠. (2016a). AMEBA 透過建構網頁伺服器控制電器開關. Retrieved from http://makerpro.cc/2016/05/using-ameba-to-control-electric-switch-via-web-server/

曹永忠. (2016b). AMEBA 透過網路校時 RTC 時鐘模組. Retrieved from http://makerpro.cc/2016/03/using-ameba-to-develop-a-timing-controlling-device-via-internet/

曹永忠. (2016c).【MAKER 系列】程式設計篇－ DEFINE 的運用. *智慧家 庭* . Retrieved from http://www.techbang.com/posts/47531-maker-series-program-review-define-the-application-of

曹永忠. (2016d). 用 RTC 時鐘模組驅動 Ameba 時間功能. *智慧家庭.* Retrieved from http://makerpro.cc/2016/03/drive-ameba-time-function-by-rtc-module/

曹永忠. (2016e).【如何設計網路計時器？】系統開發篇. *智慧家庭.* Retrieved from http://www.techbang.com/posts/45864-how-to-design-a-network-timer-systems-development-review

曹永忠. (2016f).【如何設計網路計時器？】物聯網開發篇. *智慧家庭.* Retrieved from http://www.techbang.com/posts/46626-how-to-design-a-network-timer-the-internet-of-things-flash-lite-developer

曹永忠. (2016g). 使用 Ameba 的 WiFi 模組連上網際網路. Retrieved from http://makerpro.cc/2016/03/use-ameba-wifi-model-connect-internet/

曹永忠. (2016h). 使用 Ameba 的 WiFi 模組連上網際網路. *智慧家庭.* Retrieved from http://makerpro.cc/2016/03/use-ameba-wifi-model-connect-internet/

曹永忠. (2016i). 物聯網系列：台灣開發製造的神兵利器——UP BOARD 開發版. *智慧家庭.* Retrieved from https://vmaker.tw/archives/14485

曹永忠. (2016j). 智慧家庭：如何安裝各類感測器的函式庫. *智慧家庭.* Retrieved from https://vmaker.tw/archives/3730

曹永忠. (2016k). 實戰 ARDUINO 的 RTC 時鐘模組，教你怎麼進行網路 校 時 . Retrieved from http://www.techbang.com/posts/40869-smart-home-arduino-internet-soul-internet-sch

ool

曹永忠. (2017a). 如何使用 Linkit 7697 建立智慧溫度監控平台（上）. Retrieved from http://makerpro.cc/2017/07/make-a-smart-temperature-monitor-platform-by-linkit7697-part-one/

曹永忠. (2017b). 如何使用 LinkIt 7697 建立智慧溫度監控平台（下）. Retrieved from http://makerpro.cc/2017/08/make-a-smart-temperature-monitor-platform-by-linkit7697-part-two/

曹永忠. (2020a). *ESP32 程式設計(基础篇):ESP32 IOT Programming (Basic Concept & Tricks)* (初版 ed.). 台湾、彰化: 渥瑪數位有限公司.

曹永忠. (2020b). *ESP32 程式設計(基礎篇):ESP32 IOT Programming (Basic Concept & Tricks)* (初版 ed.). 台湾、彰化: 渥瑪數位有限公司.

曹永忠. (2020c, 2020/03/11). NODEMCU-32S 安裝 ARDUINO 整合開發環境. *物聯網*. Retrieved from http://www.techbang.com/posts/76747-nodemcu-32s-installation-arduino-integrated-development-environment

曹永忠. (2020d, 2020/4/9). WEMOS D1 WIFI 物聯網開發板驅動程式安裝與設定. *物聯網*. Retrieved from http://www.techbang.com/posts/77602-wemos-d1-wifi-iot-board-driver

曹永忠. (2020e, 2020/03/12). 安裝 ARDUINO 線上函式庫. *物聯網*. Retrieved from http://www.techbang.com/posts/76819-arduino-letter-library-installation-installing-online-letter-library

曹永忠. (2020f, 2020/03/09). 安裝 NODEMCU-32S LUA Wi-Fi 物聯網開發板驅動程式. *物聯網*. Retrieved from http://www.techbang.com/posts/76463-nodemcu-32s-lua-wifi-networked-board-driver

曹永忠. (2020g). 【物聯網系統開發】Arduino 開發的第一步：學會 IDE 安裝，跨出 Maker 第一步. *物聯網*. Retrieved from http://www.techbang.com/posts/76153-first-step-in-development-arduino-development-ide-installation

曹永忠, 吳佳駿, 許智誠, & 蔡英德. (2016a). *Ameba 程式設計(基礎篇):Ameba RTL8195AM IOT Programming (Basic Concept & Tricks)* (初版 ed.). 台湾、彰化: 渥瑪數位有限公司.

曹永忠, 吳佳駿, 許智誠, & 蔡英德. (2016b). *Ameba 程序设计(基础篇):Ameba RTL8195AM IOT Programming (Basic Concept & Tricks)* (初版 ed.). 台湾、彰化: 渥瑪數位有限公司.

曹永忠, 吳佳駿, 許智誠, & 蔡英德. (2017a). *Ameba 程式設計(物聯網基*

礎篇):*An Introduction to Internet of Thing by Using Ameba RTL8195AM* (初版 ed.). 台灣、彰化: 渥瑪數位有限公司.

曹永忠, 吳佳駿, 許智誠, & 蔡英德. (2017b). *Ameba 程序设计(物联网基 础篇):An Introduction to Internet of Thing by Using Ameba RTL8195AM* (初版 ed.). 台灣、彰化: 渥瑪數位有限公司.

曹永忠, 吳佳駿, 許智誠, & 蔡英德. (2017c). *Arduino 程式設計教學(技 巧篇):Arduino Programming (Writing Style & Skills)* (初版 ed.). 台灣、彰化: 渥 瑪數位有限公司.

曹永忠, 吳佳駿, 許智誠, & 蔡英德. (2017d). 【物聯網開發系列】雲端 平台開發篇：資料庫基礎篇. *智慧家庭*. Retrieved from https://vmaker.tw/archives/18421

曹永忠, 吳佳駿, 許智誠, & 蔡英德. (2017e). 【物聯網開發系列】雲端 平台開發篇：資料新增篇. *智慧家庭*. Retrieved from https://vmaker.tw/archives/19114

曹永忠, 吳佳駿, 許智誠, & 蔡英德. (2017f). 【物聯網開發系列】雲端 平台開發篇：瀏覽資料篇. *智慧家庭*. Retrieved from https://vmaker.tw/archives/18909

曹永忠, 張程, 郑昊缘, 杨柳姿, & 杨楠、. (2020). *ESP32S 程序教学(常 用模块篇):ESP32 IOT Programming (37 Modules)* (初版 ed.). 台灣、彰化: 渥瑪 數位有限公司.

曹永忠, 張程, 鄭昊緣, 楊柳姿, & 楊楠. (2020). *ESP32S 程式教學(常用 模組篇):ESP32 IOT Programming (37 Modules)* (初版 ed.). 台灣、彰化: 渥瑪數 位有限公司.

曹永忠, 許智誠, & 蔡英德. (2014a). *Arduino EM-RFID 门禁管制机设 计:Using Arduino to Develop an Entry Access Control Device with EM-RFID Tags.* 台灣、彰化: 渥瑪數位有限公司.

曹永忠, 許智誠, & 蔡英德. (2014b). *Arduino EM-RFID 門禁管制機設 計:The Design of an Entry Access Control Device based on EM-RFID Card* (初版 ed.). 台灣、彰化: 渥瑪數位有限公司.

曹永忠, 許智誠, & 蔡英德. (2014c). *Arduino RFID 门禁管制机设计: Using Arduino to Develop an Entry Access Control Device with RFID Tags.* 台 灣、彰化: 渥瑪數位有限公司.

曹永忠, 許智誠, & 蔡英德. (2014d). *Arduino RFID 門禁管制機設計: The Design of an Entry Access Control Device based on RFID Technology* (初版 ed.). 台灣、彰化: 渥瑪數位有限公司.

曹永忠, 許智誠, & 蔡英德. (2015a). *Arduino 云 物联网系统开发(入门 篇):Using Arduino Yun to Develop an Application for Internet of Things (Basic Introduction)* (初版 ed.). 台灣、彰化: 渥瑪數位有限公司.

曹永忠, 許智誠, & 蔡英德. (2015b). *Arduino 实作布手环:Using Arduino*

to Implementation a Mr. Bu Bracelet (初版 ed.). 台湾、彰化: 渥瑪數位有限公司.

曹永忠, 許智誠, & 蔡英德. (2015c). *Arduino 程式教學(入門篇):Arduino Programming (Basic Skills & Tricks)* (初版 ed.). 台湾、彰化: 渥瑪數位有限公司.

曹永忠, 許智誠, & 蔡英德. (2015d). *Arduino 程式教學(常用模組篇):Arduino Programming (37 Sensor Modules)* (初版 ed.). 台湾、彰化: 渥瑪數位有限公司.

曹永忠, 許智誠, & 蔡英德. (2015e). *Arduino 程式教學(無線通訊篇):Arduino Programming (Wireless Communication)* (初版 ed.). 台湾、彰化: 渥瑪數位有限公司.

曹永忠, 許智誠, & 蔡英德. (2015f). *Arduino 编程教学(无线通讯篇):Arduino Programming (Wireless Communication)* (初版 ed.). 台湾、彰化: 渥瑪數位有限公司.

曹永忠, 許智誠, & 蔡英德. (2015g). *Arduino 编程教学(常用模块篇):Arduino Programming (37 Sensor Modules)* (初版 ed.). 台湾、彰化: 渥瑪數位有限公司.

曹永忠, 許智誠, & 蔡英德. (2015h). *Arduino 雲 物聯網系統開發(入門篇):Using Arduino Yun to Develop an Application for Internet of Things (Basic Introduction)* (初版 ed.). 台湾、彰化: 渥瑪數位有限公司.

曹永忠, 許智誠, & 蔡英德. (2015i). *Arduino 編程教学(入门篇):Arduino Programming (Basic Skills & Tricks)* (初版 ed.). 台湾、彰化: 渥瑪數位有限公司.

曹永忠, 許智誠, & 蔡英德. (2015j). Maker 物聯網實作：用 DHx 溫濕度感測模組回傳天氣溫溼度. *物聯網*. Retrieved from http://www.techbang.com/posts/26208-the-internet-of-things-daily-life-how-to-know-the-temperature-and-humidity

曹永忠, 許智誠, & 蔡英德. (2015k). 如何當一個專業的 MAKER：改寫程式為使用函式庫的語法. Retrieved from http://www.techbang.com/posts/39932-how-to-be-a-professional-maker-rewrite-the-program-to-use-the-library-syntax

曹永忠, 許智誠, & 蔡英德. (2015l). 『物聯網』的生活應用實作：用 DS18B20 溫度感測器偵測天氣溫度. Retrieved from http://www.techbang.com/posts/26208-the-internet-of-things-daily-life-how-to-know-the-temperature-and-humidity

曹永忠, 許智誠, & 蔡英德. (2015m). 創客神器 ARDUINO 到底是什麼呢？. Retrieved from http://makerdiwo.com/archives/1893

曹永忠, 許智誠, & 蔡英德. (2016a). *Ameba 程式教學(MQ 氣體模組篇):Ameba RTL8195AM Programming (MQ GAS Modules)* (初版 ed.). 台湾、彰

化: 渥瑪數位有限公司.

曹永忠, 許智誠, & 蔡英德. (2016b). *Ameba 程序教学(MQ 气体模块篇):Ameba RTL8195AM Programming (MQ GAS Modules)*(初版 ed.). 台湾、彰化: 渥瑪數位有限公司.

曹永忠, 許智誠, & 蔡英德. (2016c). *Arduino 程式教學(基本語法篇):Arduino Programming (Language & Syntax)*(初版 ed.). 台湾、彰化: 渥瑪數位有限公司.

曹永忠, 許智誠, & 蔡英德. (2016d). *Arduino 程式教學(溫溼度模組篇):Arduino Programming (Temperature& Humidity Modules)*(初版 ed.). 台湾、彰化: 渥瑪數位有限公司.

曹永忠, 許智誠, & 蔡英德. (2016e). *Arduino 程式教學(語音模組篇):Arduino Programming (Voice Modules)*(初版 ed.). 台湾、彰化: 渥瑪數位有限公司.

曹永忠, 許智誠, & 蔡英德. (2016f). *Arduino 程式教學(顯示模組篇):Arduino Programming (Display Modules)*(初版 ed.). 台湾、彰化: 渥瑪數位有限公司.

曹永忠, 許智誠, & 蔡英德. (2016g). *Arduino 程序教学(显示模块篇):Arduino Programming (Display Modules)*(初版 ed.). 台湾、彰化: 渥瑪數位有限公司.

曹永忠, 許智誠, & 蔡英德. (2016h). *Arduino 程序教学(语音模块篇):Arduino Programming (Voice Modules)*(初版 ed.). 台湾、彰化: 渥瑪數位有限公司.

曹永忠, 許智誠, & 蔡英德. (2016i). *Arduino 程序教学(基本语法篇) :Arduino Programming (Language & Syntax)*(初版 ed.). 台湾、彰化: 渥瑪數位有限公司.

曹永忠, 許智誠, & 蔡英德. (2016j). *Arduino 程序教学(温湿度模块篇):Arduino Programming (Temperature& Humidity Modules)*(初版 ed.). 台湾、彰化: 渥瑪數位有限公司.

曹永忠, 郭晉魁, 吳佳駿, 許智誠, & 蔡英德. (2017). *Arduino 程序设计教学(技巧篇):Arduino Programming (Writing Style & Skills)*(初版 ed.). 台湾、彰化: 渥瑪數位有限公司.

ESP32 程式設計（物聯網基礎篇）
ESP32 IOT Programming (An Introduction to Internet of Thing)

作　　者：曹永忠、許智誠、蔡英德、鄭昊緣、
　　　　　張程

發 行 人：黃振庭

出 版 者：崧燁文化事業有限公司

發 行 者：崧燁文化事業有限公司

E-mail：sonbookservice@gmail.com

粉 絲 頁：https://www.facebook.com/
　　　　　sonbookss/

網　　址：https://sonbook.net/

地　　址：台北市中正區重慶南路一段六十一號八
　　　　　樓 815 室

Rm. 815, 8F., No.61, Sec. 1, Chongqing S. Rd.,
Zhongzheng Dist., Taipei City 100, Taiwan

電　　話：(02) 2370-3310

傳　　真：(02) 2388-1990

印　　刷：京峯彩色印刷有限公司（京峰數位）

律師顧問：廣華律師事務所 張珮琦律師

國家圖書館出版品預行編目資料

ESP32 程式設計 . 物聯網基礎篇
= ESP32 IOT programming(an
introduction to internet of
thing) / 曹永忠 , 許智誠 , 蔡英
德 , 鄭昊緣 , 張程著 . -- 第一版 . --
臺北市：崧燁文化事業有限公司 ,
2022.03
　面；　公分
POD 版
ISBN 978-626-332-083-3(平裝)
1.CST: 微處理機 2.CST: 物聯網
471.516 111001401

官網

臉書

定　　價：420 元

發行日期：2022 年 03 月第一版

◎本書以 POD 印製